新时代
技术
新未来

Python Quantitative
Trading Practice

深入浅出Python
量化交易实战

段小手——— 著

清華大學出版社
北京

内 容 简 介

本书主要以国内 A 股市场为例,借助第三方量化交易平台,讲述了 KNN、线性模型、决策树、支持向量机、朴素贝叶斯等常见机器学习算法在交易策略中的应用,同时展示了如何对策略进行回测,以便让读者能够有效评估自己的策略。

另外,本书还讲解了自然语言处理(NLP)技术在量化交易领域的发展趋势,并使用时下热门的深度学习技术,向读者介绍了多层感知机、卷积神经网络,以及长短期记忆网络在量化交易方面的前瞻性应用。

本书没有从 Python 基础语法讲起,对于传统交易策略也只是一带而过,直接将读者带入机器学习的世界。本书适合对 Python 语言有一定了解且对量化交易感兴趣的读者阅读。

图书在版编目(CIP)数据

深入浅出 Python 量化交易实战 / 段小手著 . —北京:清华大学出版社,2021.11(2025.3 重印)
(新时代·技术新未来)
ISBN 978-7-302-58748-4

Ⅰ . ①深⋯　Ⅱ . ①段⋯　Ⅲ . ①软件工具—程序设计　Ⅳ . ① TP311.561

中国版本图书馆 CIP 数据核字 (2021) 第 146402 号

责任编辑:刘　洋
封面设计:徐　超
版式设计:方加青
责任校对:王荣静
责任印制:曹婉颖

出版发行:清华大学出版社
　　　　网　　　址:https://www.tup.com.cn, https://www.wqxuetang.com
　　　　地　　　址:北京清华大学学研大厦 A 座　　　　邮　　编:100084
　　　　社 总 机:010-83470000　　　　　　　　　　邮　　购:010-62786544
　　　　投稿与读者服务:010-62776969, c-service@tup.tsinghua.edu.cn
　　　　质 量 反 馈:010-62772015, zhiliang@tup.tsinghua.edu.cn
印 装 者:三河市龙大印装有限公司
经　　销:全国新华书店
开　　本:187mm×235mm　　　印　　张:16.75　　　字　　数:311 千字
版　　次:2021 年 12 月第 1 版　　　印　　次:2025 年 3 月第 8 次印刷
定　　价:99.00 元

产品编号:090544-01

前　言

总有些人，不甘平凡

不管是在上学的时候，还是走向工作岗位之后，大家可能都会遇到这样的人——他们从不满足于平凡的现状，常常想着如何让自己的生活变得更好。于是他们比别人花更多的时间"泡"图书馆、查资料、加班，努力学习，认真思考，总想找到一条让自己的人生发生"质变"的路。

有句"鸡汤"是这么说的：上天总会奖励那些偷偷努力的人。虽说"鸡汤"适量"饮用"就好，不过说真的，就我们目前观察，努力的人大概率还是能够提升自己的生活品质的。不过大家要注意，这里说的是"大概率"，而不是说"肯定"。因为即使你很努力，但是努力的方向选得不太好，那很可能会事倍功半。

就像我们这本书的主角——小瓦，她有足够的动力去改变自己的生活，也为了这个目标很努力地在学习和思考，但她需要一个很好的努力方向来实现自己的人生目标，而本书的目的也是要帮助她厘清思路，使她掌握相关的技能。

当然，在培养起兴趣，并掌握了基本技能之后，小瓦未来还要再接再厉，勇攀高峰。常言道，"功夫不负有心人"。相信只要坚持不懈地钻研，小瓦最终会过上自己想要的生活（小瓦的名字来源于北欧神话中女武神 Valkyria 的名字，暗指她未来将会有很高的成就）。

本书会带给读者什么

这里要强调的是，本书并不是鼓励大家都去一头扎进量化交易当中，把它当作实现"一夜暴富"的捷径。实际上，本书写作的初衷是：在股票交易这个门槛较低，且数据相对比较完善的场景当中，让读者可以像小瓦一样，提高自己的数据分析能力，掌握机器学习技能。

再直白一点地说，如果读者朋友和小瓦有类似的动机和背景，那本书带给你的是一种思维方式和比较通用的技能：你会更加重视数据在各种业务场景中的重要性；了解如何使用科学的方式去分析和解决业务问题，如何使用算法在多个维度的数据中找到最有用的信息，如何使用机器学习和深度学习技术对目标做出预测，以及如何处理文本数据等。

退一步讲，即使读者朋友没有使用量化交易技术进行投资，依靠上述技能仍然可以获得一份不错的收入（如找一份数据分析师的工作，或者是兼职帮别人做点事情），这样也算是"进可攻退可守"的策略了。

本书内容及体系结构

本书以完全没有量化交易经验的对象视角，从最基础的环境搭建开始进行讲解，并直接带读者进入多因子、机器学习的时代。本书后半部分更是紧贴国际前沿趋势，介绍了NLP 技术在量化交易领域的应用，以便读者参考。

本书更多地采用启发式的方法，让读者朋友能够跟着相关内容不停思考和尝试，而不是简单地照搬现有策略。

第 1 章，先是简单介绍了小瓦的情况，以便让读者朋友们更有代入感；紧接着对人类的交易历史做了简明的阐述，主要是为了让读者朋友们可以了解交易技术的发展脉络，对量化交易的概念有基本的认知；随后直接带读者进入环境配置的环节，并使用真实的股票数据集进行实验，让喜欢实操的读者对量化交易有一个直观的感受，并产生兴趣。

第 2 章，通过对小瓦策略的回测，向读者朋友介绍了回测的基本概念和简单方法；随后简单介绍了一些历史上比较经典的交易策略——移动平均策略和海龟策略，并通过简单的回测让读者朋友对这两种策略的收益情况有一个大致的了解。

第 3 章，就开始让读者朋友们和小瓦一起接触机器学习的概念了。本章先是用通俗易懂的例子讲解了有监督学习和无监督学习的概念；然后对机器学习中的分类和回归进行了阐述；随后用真实的股票数据训练了一个简单的 KNN 模型，并基于 KNN 模型编写了简单的交易策略，最后对这个策略进行了简单的回测。

第 4 章，为了能够让小瓦和读者朋友们更加专注于策略的编写和回测，我们挑选了一个第三方量化交易平台，并基于该平台的研究环境，讲解了如何获取股票的概况数据、财务数据、股东数据、主力资金流入/流出数据等。从本章开始，本书附带的代码，需要在该平台上运行。

第 5 章，开始介绍时下流行的因子。为了给读者朋友带来更多启发，我们让小瓦发动自己的聪明才智设计了一个专属于自己的"瓦氏因子",并借此向读者朋友展示了因子的基本原理;随后使用代码,通过第三方量化交易平台获取了股票的市值因子、现金流因子、净利率因子等;最后别出心裁地使用了无监督学习的主成分分析(PCA)算法,把上述一些因子进行了"打包",并借此进行了选股的实验。

第 6 章,介绍了对因子进行分析的方法。这里我们建立了一个实验用的投资组合,并以"成交量的 5 日指数移动平均"因子为例,介绍了如何对因子进行收益分析、因子的 IC 分析,以及因子换手率、因子相关性和因子预测能力的分析,以便让读者朋友对因子的评价方法有基本的了解,并可以掌握相关的方法。

第 7 章,开始将机器学习与多因子进行结合。介绍了机器学习中的线性模型算法,包括最基础的线性回归算法和使用正则化的岭回归算法,并使用实验数据集对两种算法进行了对比;紧接着使用了多个因子与线性模型结合,编写了策略;最后使用了第三方量化交易平台的回测功能对策略进行了回测,在这个过程中,读者朋友也可以掌握回测涉及的相关指标。

第 8 章,将机器学习算法与多因子的结合更进一步。本章不仅仅介绍了决策树与随机森林算法,更是使用了决策树的判断特征重要性的功能对若干个因子的重要性进行了计算;随后,我们使用了决策树"认为"比较重要的因子,结合随机森林算法编写了交易策略;同样地,也再次对策略进行了回测。

第 9 章,将近年来普遍在量化交易中表现比较好的支持向量机(SVM)带到读者面前。本章从基本的原理开始介绍,之后提出了动态因子选择策略——每次运行程序都使用决策树算法选择重要性最高的因子,再用其来训练支持向量机模型,并形成策略和进行回测。可以说,到这一章,读者朋友们可以对传统机器学习算法在量化交易领域的应用有了初步的掌握。

第 10 章,会让小瓦和读者朋友一起,进入一个更新的世界——开始探讨更加前沿的尝试:将自然语言处理技术应用于量化交易当中。本章先介绍了国际上一些知名机构在自然语言处理和量化交易方向的一些成果,随后使用真实的新闻文本数据,介绍了中文的分词方法及应用,为后面的章节打下基础。

第 11 章在第 10 章的基础上,让小瓦和读者朋友一起学习文本向量化方法,并使用潜狄利克雷分布(LDA)进行话题建模技术的学习。通过本章的学习,小瓦将能够掌握如何使用机器学习算法,从大量文本中快速获取话题。

第 12 章,开始让小瓦和读者朋友一起,进行文本数据情感分析的实验。在本章中,我们还会继续使用到文本向量化方法;之后使用了在文本分类中非常常用的朴素贝叶斯算法。

在完成本章的学习之后，读者朋友将会和小瓦一样，掌握文本分类的基本方法。

第 13 章，我们让小瓦开始接触神经网络算法。作为近几年大热的人工智能算法，神经网络不论是在图像识别方面还是在文本分类方面，都有广泛的应用。本章主要向小瓦和读者朋友介绍对用户非常友好的深度学习框架——Keras，并介绍如何使用 Keras 内置的工具对文本数据进行处理；随后使用 Keras 搭建了多层感知机（全连接层）神经网络，对文本的情绪进行分类实验。

第 14 章，在小瓦已经掌握多层感知机的基础上，我们进一步介绍了卷积神经网络和长短期记忆网络的原理，并基于文本分类任务，分别训练了卷积神经网络和长短期记忆网络。经过本章的学习之后，小瓦和读者朋友可以掌握卷积神经网络和长短期记忆网络的原理和基本的训练方法。

第 15 章，提出了一些问题，并对小瓦未来学习和研究的方向给出了一些建议，也给读者朋友提供了一些参考。

本 书 特 色

1. 视角独特，让读者能够有较强的代入感

本书以一个女大学生的故事作为开篇，将她的动机和基础条件列出——想要改善自己的生活状态，并且有一些 Python 基础，对于量化交易只是听说过，但从来没有接触过。因此本书站在她的角度，内容安排由浅入深，层层递进，让读者能够轻松入门，不会觉得难于上手。

2. 内容新颖，核心内容单刀直入

本书没有花篇幅去讲解 Python 基础语法、数据类型等基础知识（因为市面上此类的书籍已经很多），而是本着实用性原则，给读者朋友呈现的都是核心内容，文字与代码精练，读者朋友容易上手。

3. 紧跟国际潮流，给读者更前沿的视野

本书的另一特点是，对传统的交易策略一带而过。作者重点对目前国内外热门的机器学习算法相关应用进行了系统的阐述。对于国际上先进的自然语言处理技术和神经网络的应用，作者更是不吝笔墨，为读者朋友做了系统的介绍。这样做的目的是让读者朋友能够了解国际上更加前沿的做法，并给读者朋友留下思考和探索的空间，能够让读者朋友在入门之后，有进一步努力的方向。

本书读者对象

● 学习 Python，但没找到应用场景的朋友；

● 对股票投资感兴趣，想尝试量化交易的朋友；

● 有意向进入投资机构，成为一名量化基金经理的朋友；

● 平时工作不是很忙，打算做点副业的朋友。

由于作者水平有限，本书难免会有疏漏之处，欢迎各位读者朋友指正。

作　者

目　录

第 4 章　多来点数据——借助量化交易平台

第 5 章　因子来了——基本原理和用法

第6章 因子好用吗——有些事需要你知道

第7章 当因子遇上线性模型

第8章 因子遇到决策树与随机森林

第 9 章　因子遇到支持向量机

第 10 章　初识自然语言处理技术

第 11 章　新闻文本向量化和话题建模

第 12 章 股评数据情感分析

第 13 章 咱也"潮"一把——深度学习来了

第 14 章　再进一步——CNN 和 LSTM

第 15 章　写在最后——小瓦的征程

第1章 小瓦的故事——从零开始

本书源于一个真实的故事，故事的主角是一位名叫小瓦的姑娘。小瓦出生在一个普通的家庭，父母都是老实淳朴的普通人，靠着并不丰厚的收入把小瓦养育成人。18岁那年，小瓦考上了一所不好不坏的大学，所学专业是一个就业前景算不上理想的专业。再加上她本身也谈不上出色，说她是一个现实版的"灰姑娘"也不为过。综上所述，小瓦应该是一个有点危机感的孩子，实际上她也确实有改变现状的想法。因此，我们的任务就是帮助小瓦实现她的愿望。当然，千里之行，始于足下。在本章中，我们先要了解一些基础知识。本章的主要内容如下。

● 简要回顾历史上的交易。

● 从自动化交易到因子投资。

● 机器学习技术的崛起。

● 环境配置及常用工具的基本使用。

1.1 何以解忧，"小富"也行

和其他女孩子一样，小瓦也有爱美的天性。她也想像其他女生一样把自己打扮得漂漂亮亮，并且顺利完成学业，如果条件允许，她还想继续深造。然而，其家庭的现实情况支撑不了她的梦想，所以平日里小瓦的生活还是很简朴的。小瓦希望找到一个方法，能够让她的状况变得好一些，至少可以通过自己的努力为父母减轻一些经济压力。在现实中，能够通过自己的努力，先"小富"起来，这已经是很不错的了。

想要实现"小富"，其实途径还是蛮多的。如打打零工，或者做点小生意，都是可以的。不过小瓦有自己的优势——她因为所学的专业担心自己毕业以后不好找工作，于是自学了Python的入门课程，并掌握了一些Python的基础语法和常用工具，如数据分析工具 pandas 和可视化工具 matplotlib 等。基于这样的背景，我们可以尝试帮助小瓦利用她已经掌握的知识来做点更有技术含量的事情——量化交易。这样的话，即便小瓦最终没有成为一代"股神"，也可以掌握更多的知识和技能，为其日后找工作增加一点儿优势。

考虑到小瓦所学专业既不是计算机相关专业，也不是金融相关专业，我们就先让小瓦了解一些基础知识。

1.1.1　那些年，那些交易

相信大家对"交易"这个词并不陌生。早在古罗马时代，人类就开始进行各种各样的交易了。对历史感兴趣的读者朋友可能会听说过古罗马广场。在那里，人们除了进行实物商品的交易之外，还会进行交换货币、债券及其他形式的投资。人们进行交易的目的就是获利，因此人们在某种商品价格较低时买入商品，再等到价格较高时卖出商品，以此实现盈利的目的。

1602 年，世界上第一个股份制公司——荷兰东印度公司诞生，并在 1606 年发行了世界上第一只股票。1609 年，世界上第一个股票交易所在阿姆斯特丹诞生，之后在这个股票交易所的基础上，世界上第一家现代意义的银行——阿姆斯特丹银行成立。至于后来荷兰东印度公司借助资本的力量，建立了怎样的霸业，可以留给读者朋友自行搜索。本书不展开叙述。

中国的资本市场起步相对较晚。中华人民共和国成立以后的第一只股票是上海飞乐音响股份有限公司发行的"飞乐音响"，于 1984 年发行。中国在 1989 年才开始进行股票交易市场的试点。1990 年，深圳证券交易所和上海证券交易所开始试营业。

1.1.2　自动化交易和高频交易

时光荏苒，岁月变迁，曾经的历史我们一带而过，现在该把小瓦拉回现代社会了。在过去的几十年间，投资行业可以说是发生了翻天覆地的变化——那些股民们扯着嗓子喊单的日子一去不复返，取而代之的是高速运转的计算机设备和各种各样的应用软件。尤其各大金融机构，为了保持自己的竞争力，以便应对日益复杂的市场环境，一直都走在最新科技前沿。

说到最新技术，就要回顾一下电子交易的概念——毕竟这是现代交易的根基。自 20 世纪 60 年代以来，计算机和互联网的诞生使交易不再受物理空间的限制，交易的品种增加，交易量也得到了极大的提升。随着电子交易的兴起，自动化交易也得到了迅速发展。到了 2000 年左右，自动化交易作为一种卖方工具出现，其目的是实现一种低成本、高收益的交易。在自动化交易中，订单被分散，以避免订单过大而影响市场。后来这些工具扩展到买方，并在交易中，加入对成本和流动性的考虑，以及期望预测短期价格和成交量，这使得这个领域涉及的技术越来越复杂。

读者朋友也听说过高频交易（High-Frequency Trading，HFT）这个术语。高频交易也是建立在电子交易的基础之上的。高频交易是指在微秒范围内以极低延迟执行的金融工具的自动交易。在过去的十余年中，使用高频交易的成交量大幅增长。据估计，2010 年前后，高频交易成交量约占美国股市交易量的 55%，占欧洲股市交易量的 40%。在外汇期货市场中，通过高频交易实现的成交量更是达到了惊人的 80% 左右！

1.1.3　因子投资悄然兴起

对于小瓦来说，"因子投资"这个词可能就有一点陌生了。不过没有关系，要理解因子投资的概念并不难。首先我们了解一下资本资产定价模型（Capital Asset Pricing Model，CAPM）。这个概念早在 20 世纪 60 年代就已经被提出，其非常重要的一个组成部分就是贝塔系数（beta）。贝塔系数用于表示某项资产的系统性风险。资本资产定价模型理论的先进性在于，它认识到一项资产的风险并非孤立地取决于该资产，而是该资产相对于其他资产及整个市场的走势。然而，它的局限性也非常明显——由于只使用贝塔系数这一个因子（factor），该模型对资产回报率的预测并不准确。于是，人们开始发掘更多额外的风险因子，以便可以更准确地预测资产能够带来的回报率。基于这种理念所进行的投资称为因子投资（factor investment）。

在因子投资中，因子的定义就是那些可以量化的信号、特征或其他变量。这些因子与资产回报率呈现明显的相关性，并且在未来还要保持这种相关性。

与 CAPM 模型相比，多因子模型要考虑的因素要多得多。例如，1972 年，史蒂芬·罗斯提出的套利定价理论（Arbitrage Pricing Theory，APT）就认为证券的回报率与一组因子线性相关。到了 1992 年，著名经济学家尤金·法马和金融学家肯尼思·弗伦奇提出了举世闻名的 Fama-French 三因子模型，指出证券回报率可以用市场资产组合、市值及账面市值比这三个因子来进行解释。不久，卡哈特改进了三因子模型，添加了市场动量因子，提出了 Carhart 四因子模型。

经过若干年的发展，因子投资已经从一种方法论演变成了一种产品——智能贝塔基金，并且飞速增长。有资料显示，早在 2019 年，智能贝塔基金的资产管理规模就达到了 8800 亿美元。这种基于多因子模型进行投资的成功推动了机器学习技术在金融行业的飞速发展。

1.2 机器学习崛起

说起当今全球知名的几家使用机器学习算法进行交易的基金公司，不得不提到诸如文艺复兴科技公司、德邵基金公司、堡垒投资集团和 Two Sigma 公司等。其中，文艺复兴科技公司是由数学家詹姆斯·西蒙斯在 1982 年创建的，现在已经成为全球较大的量化投资公司。它的奖章基金自成立以来，年均收益率较稳定。另外三家基金公司也因为使用基于算法的交易策略之后，业绩表现亮眼，从而跻身全球前列。

与此同时，越来越多的基金公司转向机器学习技术。人工智能系统可以从大量数据中学习，并且持续进化。从对冲基金到共同基金，越来越多的机构使用算法制定交易策略。这也催生出了一个新的物种——量化基金（Quant funds）。

1.2.1 量化投资风生水起

随着新技术的普及，以往靠基本面分析进行投资的公司也在引入机器学习技术，并开展量化交易。例如，管理资产规模较大的 Point72 公司就已经有相当比例的投资组合是使用人与算法结合的方法来进行管理的。据摩根士丹利公司所进行的调查来看，截至 2020 年，在他们从事投资的客户中，有意愿或者已经在使用机器学习技术进行量化投资的客户数量，在短短两年间提高了 20%。

黑石集团为了能够立于不败之地，大举投资量化交易企业 SAE，希望借这场豪赌击败竞争对手。无独有偶，富兰克林·邓普顿基金集团也收购了一家名为"随机森林资本"的公司（一家以算法和数据为导向的技术型企业）。

在中国，很多金融机构也已经觉醒。相信在未来几年，我们也能看到优秀的本土量化投资公司。

1.2.2　没有数据是不行的

所谓机器学习，其实就是通过若干算法，使用数据训练模型并做出预测的过程。那么数据的重要性就不言而喻了。假如模型是马路上跑的汽车，那么数据就是让汽车正常运转的燃料。常规的数据包括经济统计数据、市场交易数据和上市公司财报。如今，人们使用的数据范围更广，甚至包括卫星图像、信用卡销售、股民情绪分析、手机地理位置定位和爬虫抓取等来源。理论上来讲，我们这里说的数据包括任何可以使用机器学习提取交易信号的信息。

举一个例子，如果在某家上市公司公布财报数据之前，我们可以获取该公司在招聘网站上发布的招聘岗位数量，就可以先于财报数据发布了解到该公司的运营状况。假如该公司的招聘人数在上升，则可能说明该公司业绩良好，自然其股票的价格也可能上涨；反之，假如该公司的招聘人数锐减，则说明该公司的经营可能有困难，则可能会导致该公司股价下跌。

当然，最直接有效的数据还是那些能够直接体现用户消费的数据，如支付数据。在后面的章节，我们会具体来讨论如何使用外部数据，并将其添加到模型的训练当中。

1.2.3　交易策略和阿尔法因子

说完了算法和数据，下面我们就要讲讲如何将二者结合起来并应用到投资中。我们先通过各种数据源提取出有效信息，并且通过特征工程（feature engineering）将数据转换为阿尔法因子（alpha factor），再将这些因子拿来训练模型，使模型可以对交易品未来的趋势或价格变动做出预测，并触发买单或者卖单。例如，模型预测次日股价大涨，则下单买入，反之则卖出。

在这个过程中，阿尔法因子（以下统称为 alpha 因子）的确定是一个复杂的工程。在这一步中，我们需要探索输入的数据与目标收益之间的关系，并进行复杂的特征工程，还要不断测试及对模型进行调优，以此来优化模型的预测能力。

当然，经过数十年的学术研究，金融学家已经帮我们总结好 alpha 因子。如果要给小瓦完全解释明白这背后的理论，我们就要花很大的篇幅去讲解市场金融理论和投资者行为学等。不过这些不是主线"剧情"，因此本书不展开介绍了。

1.3   要想富，先配库

我们在前面小节中唠叨了很多内容，相信很多读者朋友也有和小瓦有一样的想法：说了这么多，我们到底怎么开始呢？下面就给小瓦安排一些动手的环节。过去人们常说"要想富，先修路"。也就是说，只有搞好基础设施建设，才能带动经济发展。在量化交易这个环节，基础设施就是我们使用的工具了。下面咱们就带小瓦一起，把需的软件环境配置好。

1.3.1   Anaconda的下载和安装

鉴于小瓦唯一会使用的编程语言是 Python，我们选择可以支持 Python 的工具。目前比较主流的编辑器包括 PyCharm、Jupyter Notebook 等。考虑到小瓦现在主要使用的操作系统是 Windows，所以强烈建议小瓦直接安装 Anaconda。原因很简单，Anaconda 内置了 Python 解释器和 Jupyter Notebook，而且习惯使用 PyCharm 的读者朋友也可以直接调用 Anaconda 中的 Python 解释器，非常方便；更重要的是，Anaconda 内置了很多常用的数据科学库，免去了我们手动安装这些库的过程（要知道如果自己在 Windows 系统中手动安装这些库是非常痛苦的）！

下面我们就来教会小瓦如何下载和安装 Anaconda，对这部分已经有了解的读者朋友可以跳过本小节，直接阅读后面的内容。

首先，小瓦需要访问 Anaconda 官方网站：http://www.anaconda.com，单击右上角的 Download 按钮，如图 1.1 所示。

图 1.1   Anaconda 官网

单击 Download 按钮之后，会进入版本选择页面。小瓦使用的是 Windows 系统，所以这里选择了 Python 3.x 的 Windows 64 位版本，如图 1.2 所示。

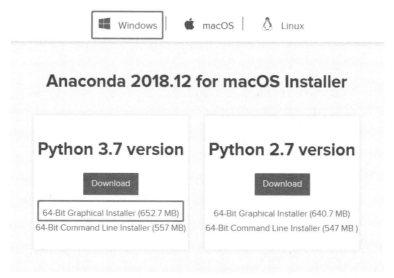

图 1.2 选择正确的 Anaconda 版本

这里，读者朋友可以根据自己操作系统的情况来选择版本：如果你使用的是苹果电脑，就选择 macOS 版本的 Anaconda；如果是 Ubuntu 或 Linux 系统，就选择 Linux 版本的 Anaconda。

等 Anaconda 的安装文件下载完毕后，双击"安装文件"即可开始安装程序。在安装过程中，各选项均保持默认设置即可。安装完成后，小瓦的"开始"菜单里就会出现图 1.3 所示的新图标。

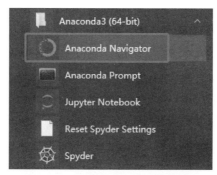

图 1.3 "开始"菜单中的新图标

Anaconda3（64-bit）目录下有若干个快捷方式。小瓦可以单击 Anaconda Navigator 来启动程序，也可以单击 Jupyter Notebook 来单独启动 Notebook 程序；如果需要安装新的库，可以启动 Anaconda Prompt 并使用"pip install"命令来进行安装。

在后面的内容中，小瓦使用最多的就是 Jupyter Notebook 了，所以下面我们简单来介绍一下 Jupyter Notebook 的基本操作。

1.3.2　Jupyter Notebook的基本使用方法

小瓦在单击图 1.3 中的 Anaconda Navigator 图标之后，就可以看到如图 1.4 所示的界面。

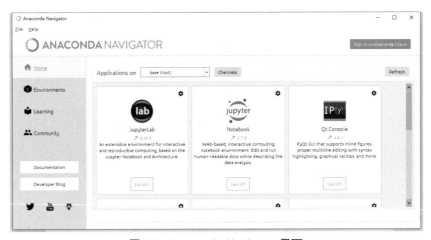

图 1.4　Anaconda Navigator 界面

在图 1.4 中，单击 Jupyter Notebook 图标下方的 Launch 按钮，就可以启动 Jupyter Notebook，如图 1.5 所示。

图 1.5　Jupyter Notebook 的启动按钮

单击 Launch 按钮，系统默认浏览器会自动弹出，并进入 Jupyter Notebook 的初始页面，如图 1.6 所示。

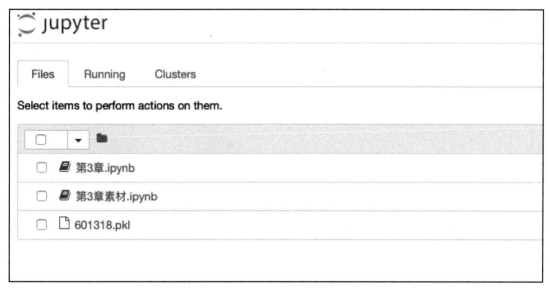

图 1.6　Jupyter Notebook 的初始页面

在进入图 1.6 所示的页面之后，通过单击右上方的 New 按钮可以新建一个 Notebook 文件，如图 1.7 所示。

图 1.7　新建 Python 3 的 Notebook 文件

单击 New 下拉按钮之后，会出现一个下拉菜单，我们在下拉菜单中选择 Python 3，就会打开一个新的浏览器选项卡，如图 1.8 所示。

图 1.8　新建的 Python 3 Notebook 文件

现在新的 Python 3 Notebook 文件就创建成功了。接下来我们来输入第一行代码：

```
print('小瓦加油！你会成功的！')
```

按 Shift+Enter 组合键，就可以在 Jupyter Notebook 中执行代码，如图 1.9 所示。

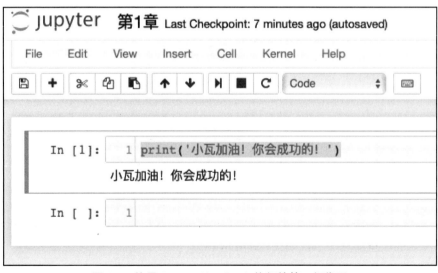

图 1.9　使用 Jupyter Notebook 执行的第一行代码

到此，小瓦对于在 Jupyter Notebook 中创建 Python 3 文件，以及如何输入和执行代码已经掌握了。下面我们给小瓦增加一点难度——针对真实的股票数据集进行一些简单的操作。

1.3.3　用真实股票数据练练手

在这一小节中，小瓦就开始使用真实数据集来进行练习了。这里需要用到一个获取金融数据的库——pandas_datareader。需要注意的是，编写本书时，Anaconda 并没有内置这个库，因此小瓦需要单独安装这个库。这个库的安装非常简单，只要在 Jupyter Notebook 的单元格中输入下面这行代码就可以了：

```
!pip3 install pandas_datareader --upgrade
```

运行这行代码，程序会自动下载这个库并完成安装。

注意：由于写作本书所使用的环境是 **Python 2.x** 和 **Python 3.x** 并存的，因此此处指定使用 **pip3 install**。如果读者朋友的电脑只安装了 **Python 3.x**，则直接使用 **pip install** 即可。

如果想检查 datareader 是否安装成功，则可以输入下面的代码：

```
#导入datareader并重命名为web
import pandas_datareader as web
#查看datareader的版本信息
web.__version__
```

运行代码，可以看到程序给我们返回 datareader 的版本号如下：

```
'0.8.1'
```

注意：由于 **yahoo!** 调整服务，中国地区的读者在使用 **datareader** 进行实验的过程中，需要使用代理服务器。或者换用国内的数据接口，例如 **tushare**，安装方法为

```
!pip install tushare
```

换用此接口后的代码涉及本书第 1 章至第 3 章，已在封底二维码的文件中更新，可扫码获取。

1. 下载股票数据

如果读者朋友也得到了这个结果，说明 datareader 已经安装成功。接下来我们使用 datareader 获取一只股票的数据，输入代码如下：

```
#指定获取股票数据的起始日期和截止日期
#这里就用2020年1月1日至3月18日的数据
start_date = '2020-01-01'
end_date = '2020-03-18'
#创建数据表,这里选择下载的股票代码为601318
#数据源设置为yahoo
#并把我们把设定的开始日期和截止日期作为参数传入
data = web.data.DataReader('601318.ss','yahoo',
                            start_date,
                            end_date)
#下面来检查一下数据表的前5行
data.head()
```

运行代码,会得到如表 1.1 所示的结果。

表 1.1　使用 datareader 获取的股票交易数据

Date (日期)	High (最高价)	Low (最低价)	Open (开盘价)	Close (收盘价)	Volume (成交量)	Adj Close (调整后的收盘价)
2020-01-02	86.790001	85.879997	85.900002	86.120003	77825207	86.120003
2020-01-03	86.879997	85.900002	86.809998	86.199997	59498001	86.199997
2020-01-06	86.870003	85.500000	85.919998	85.599998	63644804	85.599998
2020-01-07	86.459999	85.669998	86.010002	86.150002	45218832	86.150002
2020-01-08	85.000000	85.000000	85.000000	85.000000	62805311	85.000000

【结果分析】如果读者朋友也得到了与表 1.1 相同的结果,说明数据下载成功。在表 1.1 中,第一列 Date 是交易日的时期,后面依次是当日股票的最高价、最低价、开盘价、收盘价、成交量和调整后的收盘价。由于 1 月 1 日是元旦,这一天是没有交易数据的。

2. 最简单的数据处理

下面我们来做一点简单的处理工作。大家知道,股票每日的涨跌是用当日的收盘价减去前一个交易日的收盘价来计算的。例如,2020 年 1 月 3 日的收盘价约为 86.20 元,1 月 2 日的收盘价约为 86.12 元,则 1 月 3 日当天,该股票较前一个工作日上涨了 8 分钱。这样的话,可以在数据表中添加一个字段,用来表示当日股价较前一日的变化。输入代码如下:

```
#将新的字段命名为diff,代表difference
#用.diff()方法来计算每日股价变化情况
data['diff'] = data['Close'].diff()
#检查一下前5行
data.head()
```

运行代码，会得到如表 1.2 所示的结果。

表 1.2　添加 diff 字段的数据表

Date （日期）	High （最高价）	Low （最低价）	Open （开盘价）	Close （收盘价）	Volume （成交量）	Adj Close （调整后的收盘价）	diff （涨跌）
2020-01-02	86.790001	85.879997	85.900002	86.120003	77825207	86.120003	NaN
2020-01-03	86.879997	85.900002	86.809998	86.199997	59498001	86.199997	0.079994
2020-01-06	86.870003	85.500000	85.919998	85.599998	63644804	85.599998	−0.599998
2020-01-07	86.459999	85.669998	86.010002	86.150002	45218832	86.150002	0.550003
2020-01-08	85.000000	85.000000	85.000000	85.000000	62805311	85.000000	−1.150002

注：NaN 表示无数据。

【结果分析】从表 1.2 中可以看到，我们成功地添加了 diff 字段，以表示该股票每日的价格变化情况。例如，在 1 月 6 日当天，该股票收盘价较上一交易日下跌了约 6 角；而 1 月 7 日当天，该股收盘价较上一交易日上涨了约 5 角 5 分。通过添加这个字段，我们即可直观地看出股票每日的价格变动。

注意：为了便于展示，表 1.2 中省略了部分字段。

3. 设计最简单的交易策略

到这里，小瓦提出了一个问题。我们可以设置一个最简单的交易策略：如果当日股价下跌，我们就在下一个交易日开盘前挂单买入；反之，如果当日股价上涨，我们就在下一个交易日开盘前挂单卖出。循环进行这个步骤，我们不就可以赚钱了吗？

说实话，这个策略听起来还挺不错。我们先不论其是否可行，就单纯地用代码来试试。要实现这个策略，首先我们来创建一个新的字段——Signal（交易信号）。如果 diff 字段大于 0，则 Signal 标记为 1；如果 diff 字段小于或等于 0，则 Signal 标记为 0。输入代码如下：

```
#此处会用到numpy，故导入
import numpy as np
#创建交易信号字段，命名为Signal
#如果diff值大于0，则Signal为1，否则为0
data['Signal'] = np.where(data['diff'] > 0, 1, 0)
#检查是否成功
data.head()
```

运行代码，我们会得到如表 1.3 所示的结果。

表 1.3　添加了 Signal 字段的数据表

Date （日期）	High （最高价）	Low （最低价）	Open （开盘价）	Close （收盘价）	Volume （成交量）	Adj Close （调整后的收盘价）	diff （涨跌）	Signal （交易信号）
2020-01-02	86.790001	85.879997	85.900002	86.120003	77825207	86.120003	NaN	0
2020-01-03	86.879997	85.900002	86.809998	86.199997	59498001	86.199997	0.079994	1
2020-01-06	86.870003	85.500000	85.919998	85.599998	63644804	85.599998	−0.599998	0
2020-01-07	86.459999	85.669998	86.010002	86.150002	45218832	86.150002	0.550003	1
2020-01-08	85.000000	85.000000	85.000000	85.000000	62805311	85.000000	−1.150002	0

【结果分析】从表 1.3 中可以看到，使用 np.where() 可以让程序判断每日股价是上涨还是下跌：如果上涨，则交易信号为 1，代表卖出；否则交易信号为 0，代表买入。这样我们就得到了最简单的交易信号。

4. 交易信号可视化

在得到了交易信号之后，我们可以再来实现最简单的可视化，这样我们就可以在图像中直观地看到什么时候买入，什么时候卖出了。可视化的代码部分如下：

```
#导入画图工具matplotlib
import matplotlib.pyplot as plt
#设置画布的尺寸为10*5
plt.figure(figsize = (10,5))
#使用折线图绘制出每天的收盘价
data['Close'].plot(linewidth=2, color='k', grid=True)
#如果当天股价上涨，标出卖出信号，用倒三角表示
plt.scatter(data['Close'].loc[data.Signal==1].index,
        data['Close'][data.Signal==1],
        marker = 'v', s=80, c='g')
#如果当天股价下跌给出买入信号，用正三角表示
plt.scatter(data['Close'].loc[data.Signal==0].index,
        data['Close'][data.Signal==0],
        marker = '^', s=80, c='r')
#将图像进行展示
plt.show()
```

运行代码，我们会得到如图 1.10 所示的结果。

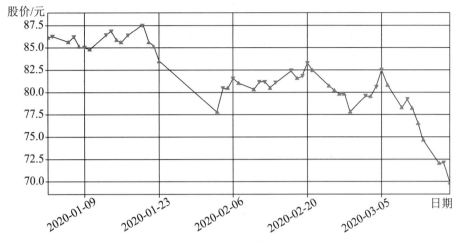

图 1.10　交易信号的可视化

【结果分析】从图 1.10 中可以看到，倒三角所处的位置是股票收盘价较上一个交易日上涨的时刻，代表卖出；正三角所处的位置是股票收盘价较上一个交易日下跌的时刻，代表买入。直观来看，在这个时间范围内，股价整体呈现出下跌天数大于上涨天数的情况。假设小瓦使用这个交易策略，且每次买入和卖出的股票数量相同的话，那么她持有这只股票的仓位会越来越高。

当然，我们不会真的让小瓦使用这个简单的策略去进行实盘交易，只是通过这些步骤帮助她熟悉一下使用 Python 进行一些简单的交易数据处理与可视化的方法。至于某种策略会带来怎样的回报，还要通过回测（backtesting）来进行评估。关于回测的具体方法，我们会在后面的章节进行介绍。

1.4　小结

作为本书的第一章，我们简要介绍了主人公小瓦姑娘的情况。面对有比较强烈的学习动机，且有一点 Python 语言基础，但对算法和金融知识所知较少的小瓦，我们首先简单介绍了交易的历史，也稍微阐述了现代交易的发展现状，目的是让小瓦先对这个领域有一定的认知，并产生兴趣；最后带着小瓦在 Anaconda 中，使用 Jupyter Notebook 做了一点简单的练习，让她稍微感受一下写代码的乐趣。当然，笔者鼓励读者朋友们跟小瓦一起进行操作，在动手的过程中掌握更多的知识。

第2章 小瓦的策略靠谱吗
——回测与经典策略

在第 1 章中，小瓦提出了一个交易策略：如果某日的股价较前一个交易日下跌，就下单买入；反之，如果股价较前一个交易日上涨，就下单卖出。这个策略也可以称为"低买高卖"策略。我们认为这个策略其实并不高明，甚至有点"简单粗暴"。然而，小瓦不这么认为，她觉得既然每次都在相对低点买入，并且在相对高点卖出，没有理由不赚钱啊！为了帮助小瓦找到真相，本章会帮助她学习交易策略的回测（backtesting）及一些目前经典的交易策略。本章的主要内容如下。

● 什么是回测。

● 使用 Python 实现简单回测。

● 双移动平均策略的 Python 实现与回测。

● 海龟策略的 Python 实现与回测。

2.1 对小瓦的策略进行简单回测

这里我们先不讲理论，直接进入实践部分。要想验证小瓦的策略是否可以赚到钱，我们就用代码来模拟她的交易过程——使用"低买高卖"策略生成交易信号，并根据交易信号来下单，再计算小瓦的总资产是增加了还是减少了。说干就干，读者朋友可以和我们一起来进行操作。

2.1.1 下载数据并创建交易信号

我们继续使用第 1 章中的股票数据，并根据小瓦的交易策略，创建交易信号。先导入一些必要的库，输入代码如下：

```
#导入必要的库
from pandas_datareader import data as dt
import pandas as pd
import numpy as np
import matplotlib.pyplot as plt
import seaborn as sns
```

注意：在本书的写作过程中，每一章对应单独的 notebook 文件。因此在每章，我们都会导入所需要的库，且已经导入的库在本章内不会重复导入。如果读者朋友不是按章建立 notebook 文件进行练习的话，请注意库的加载情况，以免程序报错。

运行代码，如果程序没有报错，就说明导入成功。接下来进行数据的下载，输入代码如下：

```
#指定下载股票的日期范围
start_date = '2020-01-01'
end_date = '2020-03-20'
#使用datareader从yahoo数据源获取数据
#将时间范围作为参数传入
zgpa = dt.DataReader('601318.ss', 'yahoo',
                     start_date, end_date)
#检查是否下载成功
zgpa.head()
```

运行代码，可以得到如表 2.1 所示的结果。

表 2.1　使用 datareader 下载的股票数据

Date （日期）	High （最高价）	Low （最低价）	Open （开盘价）	Close （收盘价）	Volume （成交量）	Adj Close （调整后的收盘价）
2020-01-02	86.790001	85.879997	85.900002	86.120003	77825207	86.120003
2020-01-03	86.879997	85.900002	86.809998	86.199997	59498001	86.199997
2020-01-06	86.870003	85.500000	85.919998	85.599998	63644804	85.599998
2020-01-07	86.459999	85.669998	86.010002	86.150002	45218832	86.150002
2020-01-08	85.000000	85.000000	85.000000	85.000000	62805311	85.000000

【结果分析】和第 1 章中相同，程序给我们返回了股票数据的前 5 行。如果读者朋友也看到了表 2.1 所示的结果，说明数据下载成功。

下面我们就使用新下载的数据来创建交易信号，并根据交易信号的变化进行下单操作。和第 1 章不同的是，为了更能体现出股票的真实价值，我们选取股票调整后的收盘价 Adj Close 作为股票的真实价格。同时，为了便于计算下单的数量，我们用 0 替换掉数据表中第一行的空值 NaN，并且用 0 标记股价上涨或无变化，用 1 标记股价下跌。输入代码如下：

```
#下面我们来创建交易信号
#为了不影响原始数据,这里创建一个新的数据表
#只保留原始数据中的日期index
zgpa_signal = pd.DataFrame(index = zgpa.index)
#为了更能体现股票的真实价值
#使用Adj Close调整价格作为股票价格
zgpa_signal['price'] = zgpa['Adj Close']
#增加一个字段,存储股价的变化
zgpa_signal['diff'] = zgpa_signal['price'].diff()
#增加diff字段后,第一行会出现空值,我们使用0来进行填补
zgpa_signal = zgpa_signal.fillna(0.0)
#如果股价上涨或不变,则标记为0
#如果股价下跌,则标记为1
zgpa_signal['signal'] = np.where(zgpa_signal['diff'] >= 0, 0,1)
#接下来,根据交易信号的变化进行下单
#一般情况下,在A股市场,买入或卖出至少为100股,即1手
zgpa_signal['order'] = zgpa_signal['signal'].diff()*100
#检查下单情况
zgpa_signal.head()
```

运行代码,会得到如表 2.2 所示的结果。

表 2.2　创建交易信号并下单

Date（日期）	price（价格）	diff（涨跌）	signal（交易信号）	order（下单）
2020-01-02	86.120003	0.000000	0	NaN
2020-01-03	86.199997	0.079994	0	0.0
2020-01-06	85.599998	−0.599998	1	100.0
2020-01-07	86.150002	0.550003	0	−100.0
2020-01-08	85.000000	−1.150002	1	100.0

【结果分析】从表 2.2 中可以清晰地看到,在 2020 年 1 月 6 日这一天,股价下跌了大约 6 角,程序给出交易信号"1",这时下单买入 100 股;而到了 1 月 7 日,股价上涨了约 5 角 5 分,程序给出交易信号"0",此时交易信号的变化为 0 −1= −1,因此下单卖出 100 股。经过这一买一卖的交易,小瓦可以赚到大约 55 元,看起来还不错。

2.1.2　对交易策略进行简单回测

不要高兴得太早,只是在某一天赚到了钱并不代表策略是长期可行的。下面我们就给小瓦一笔钱,让她计算一下,使用这个策略模拟交易一段时间后总资产的变化情况。输入代码如下:

```
#考虑到股价较高，我们初始给小瓦2万元人民币让她去交易
initial_cash = 20000.00
#增加一个字段，代表小瓦交易的股票的市值
zgpa_signal['stock'] = zgpa_signal['order']*zgpa_signal['price']
#两次买卖的订单变化之差就是某一时刻小瓦仓位的变化情况
#持仓股票的数量变化乘以现价，就是小瓦交易产生的现金流
#用初始资金减去现金流变化的累加，就是小瓦剩余的现金
zgpa_signal['cash'] = initial_cash -\
(zgpa_signal['order'].diff()*zgpa_signal['price']).cumsum()
#而股票的市值加上剩余的现金，就是小瓦的总资产
zgpa_signal['total'] = zgpa_signal['stock'] + zgpa_signal['cash']
#为了让小瓦直观看到自己的总资产变化
#我们用图形来进行展示
#设置图形的尺寸是10*6
plt.figure(figsize=(10,6))
#分别绘制总资产和持仓股票市值的变化
plt.plot(zgpa_signal['total'])
plt.plot(zgpa_signal['order'].cumsum()*zgpa_signal['price'],'--',
        label='stock value')
#增加网格，调整一下图注的位置，就可以显示图像了
plt.grid()
plt.legend(loc='center right')
plt.show()
```

运行代码，会得到如图 2.1 所示的结果。

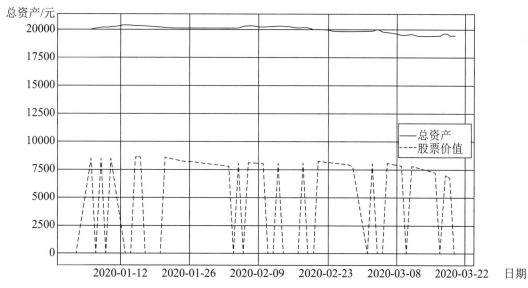

图 2.1 使用小瓦的策略进行交易的资产变化情况

【结果分析】从图 2.1 中可以看到，从 1 月初到 3 月 20 日，使用小瓦的"低买高卖"策略进行交易，总资产最后略微减少了。虽然从 1 月中旬到 2 月中旬，总资产也曾经有一定的增长，但涨幅也并不明显。当然，考虑到在此期间，股市整体表现都不好，在这样的背景下，小瓦的策略没有让总资产大幅缩水，对一个新手来说，这算是不错了。

2.1.3 关于回测，你还需要知道的

以上我们和小瓦一起，做了一个非常简单的回测。没错，回测这个词的意思就是：通过模拟算法进行交易的过程，用一些指标对交易策略进行评估。在我们所做的回测当中，所测量的指标就是利润和损失（Profit and Loss，PnL）。不过在刚才的回测当中，我们并没有考虑交易手续费和税费等成本，如果将这些附加成本也添加到模型中参与计算，算出来的就是净利润和损失（net PnL）。常用的指标还有年化收益、交易手数、风险敞口（exposure），以及夏普指数（sharpe ratio）等。

在上述指标中，我们可能需要给小瓦简单介绍一下风险敞口和夏普指数这两个指标。风险敞口指的是未加保护的风险，在股市中，其实就是指投资股票的资金。例如，小瓦有 1 万元，她拿其中的 5000 元买了股票，其余 5000 元买了保本的理财产品，那么买股票的 5000 元钱就面临着股价下跌的风险。也就是说，她的风险敞口就是 5000 元。

夏普指数也常被称为夏普比率，是由诺贝尔经济学奖得主威廉·夏普提出的。值得一提的是，威廉·夏普其实就是资本资产定价模型的奠基者。他在 1997 年提出夏普指数这个概念，其核心思想是，将一组投资组合的回报率与无风险投资回报率（如银行存款或国债）进行对比，看投资组合的回报会超过无风险投资回报率多少。夏普指数越高，说明投资组合的回报率越高；相反，如果投资组合的回报不及无风险投资的回报，就说明这项投资是不应该进行的。

还是以小瓦为例，假设她买保本理财产品的收益是 4%，而投资股票的预期收益是 100%，同时，投资股票的超额收益标准差是 20%，则小瓦进行股票投资的夏普指数是

$$(100\% - 4\%) / 20\% = 4.8$$

在后面的章节中，我们会使用不同的指标进行回测，也会演示详细的计算过程。这里先让小瓦简单了解即可。

2.2　经典策略之移动平均策略

在2.1节中，我们使用了一个简单的回测，验证了一下小瓦的"低买高卖"策略。总体来看，这个策略虽然没有让小瓦损失太多资产，但是也没有带来期待的回报。因此，小瓦迫不及待地想知道，有没有一个更好的策略能提高交易的回报。

实话说，想设计一个百分之百达到预期收益的策略，目前看来是不现实的。历史上确实有一些比较经典的策略，如本节介绍的单一移动平均（Single Moving Average，SMA）策略。

2.2.1　单一移动平均指标

移动平均策略的核心思想非常简单，且十分容易理解。当股价上升且向上穿过 N 日的均线时，说明股价在向上突破，此时下单买入；当股价下降且向下穿过 N 日的均线时，说明股价整体出现下跌的趋势，此时下单卖出。或者当 M 日均价上升穿过 N 日的均线（$M < N$）时，说明股票处于上升的趋势，应下单买入；反之，当 M 日均价下降且穿过 N 日均线时，说明股票处于下降的趋势，应下单卖出。

在这个策略中，需要用到的指标便是均线。下面我们使用代码来演示股价均线的绘制，还是使用2.1节中下载的股票数据，选取10个交易日的股票均价作为均线，输入代码如下：

```
#这里使用10日均线
period = 10
#设置一个空列表，用来存储每10天的价格
avg_10 = []
#再设置一个空列表，用来存储每10天价格的均值
avg_value = []
#设置一个循环
for price in zgpa['Adj Close']:
    #把每天的价格传入avg_10列表
    avg_10.append(price)
    #当列表中存储的数值多于10个时
    if len(avg_10) > period:
        #就把前面传入的价格数据删除，确保列表中最多只有10天的数据
        del avg_10[0]
    #将10天数据的均值传入avg_value列表中
```

```
    avg_value.append(np.mean(avg_10))
#把计算好的10日均价写到股票价格数据表中
zgpa = zgpa.assign(avg_10 = pd.Series(avg_value, index = zgpa.index))
#检查一下是否添加成功
zgpa.head()
```

运行代码，可以得到如表 2.3 所示的结果。

表 2.3 在原始数据中添加 10 日均价

Date （日期）	High （最高价）	Low （最低价）	Open （开盘价）	Close （收盘价）	Volume （成交量）	Adj Close （调整后的收盘价）	avg_10 （10 日均价）
2020-01-02	86.790001	85.879997	85.900002	86.120003	77825207	86.120003	86.120003
2020-01-03	86.879997	85.900002	86.809998	86.199997	59498001	86.199997	86.160000
2020-01-06	86.870003	85.500000	85.919998	85.599998	63644804	85.599998	85.973333
2020-01-07	86.459999	85.669998	86.010002	86.150002	45218832	86.150002	86.017500
2020-01-08	85.000000	85.000000	85.000000	85.000000	62805311	85.000000	85.814000

【结果分析】从表 2.3 中可以看到，数据表多出一个字段 avg_10。该字段存储的是 10 日内股票的均价。而在前 9 天中，由于数据不足 10 天，均价计算的是自有数据以来，截止到当日的股票均价。

为了直观地展示股价与均价的关系，可以使用下面的代码对数据进行可视化：

```
#设置图像尺寸为10*6
plt.figure(figsize=(10,6))
#绘制股价的变化
plt.plot(zgpa['Adj Close'],lw=2, c='k')
#绘制10日均线
plt.plot(zgpa['avg_10'], '--',lw=2, c='b')
#添加图注和网格
plt.legend()
plt.grid()
#将图像进行显示
plt.show()
```

运行代码，可以得到如图 2.2 所示的结果。

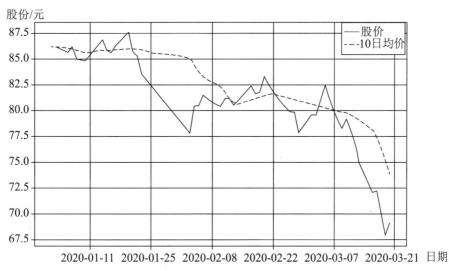

图 2.2　股价与 10 日均线

【结果分析】从图 2.2 中可以看到，实线是从 2020 年 1 月 1 日至 2020 年 3 月 20 日的股票调整后价格；虚线是该股票的 10 日均价。整体来看，在此期间，该股的整体趋势处于下行，不过不要紧，我们就基于这种"逆境"来尝试创建交易策略。

2.2.2　双移动平均策略的实现

顾名思义，双移动平均策略就是使用两条均线来判断股价未来的走势。在两条均线中，一条是长期均线（如 10 日均线），另一条是短期均线（如 5 日均线）。这种策略基于这样一种假设：股票价格的动量会朝着短期均线的方向移动。当短期均线穿过过长期均线，超过长期移动平均线时，动量将向上，此时股价可能会上涨。然而，如果短期均线的移动方向相反，则股价可能下跌。

根据这个原理，我们来创建一个双移动平均交易策略，输入代码如下：

```
#新建一个数据表，命名为strategy（策略）
#序号保持和原始数据一致
strategy = pd.DataFrame(index = zgpa.index)
#添加一个signal字段，用来存储交易信号
strategy['signal'] = 0
#将5日均价保存到avg_5这个字段
strategy['avg_5'] = zgpa['Adj Close'].rolling(5).mean()
```

```
#同样，将10日均价保存到avg_10
strategy['avg_10'] = zgpa['Adj Close'].rolling(10).mean()
#当5日均价大于10日均价时，标记为1
#反之标记为0
strategy['signal'] = np.where(strategy['avg_5']>strategy['avg_10'],
1,0)
#根据交易信号的变化下单，当交易信号从0变成1时买入
#当交易信号从1变成0时卖出
#交易信号不变时不下单
strategy['order'] = strategy['signal'].diff()
#查看数据表后10行
strategy.tail(10)
```

运行代码，可以得到如表 2.4 所示的结果。

表 2.4　根据 5 日均价和 10 日均价创建的交易策略

Date （日期）	signal （交易信号）	avg_5 （5 日均价）	avg_10 （10 日均价）	order （下单）
2020-03-09	1	80.314000	79.868001	0.0
2020-03-10	1	80.252000	79.767001	0.0
2020-03-11	1	79.766000	79.599001	0.0
2020-03-12	0	78.606001	79.285001	−1.0
2020-03-13	0	77.366000	78.984000	0.0
2020-03-16	0	76.138000	78.226000	0.0
2020-03-17	0	74.730000	77.491000	0.0
2020-03-18	0	73.074001	76.420000	0.0
2020-03-19	0	71.306000	74.956001	0.0
2020-03-20	0	70.164000	73.765000	0.0

【结果分析】从表 2.4 中可以看到，在 3 月 9 日这一天，该股票的 5 日均价约为 80.31 元，而 10 日均价约为 79.87 元，5 日均价大于 10 日均价，故此程序给出的交易信号是 1；同样，在 3 月 10 日这一天，5 日均价约为 80.25 元，而 10 日均价约为 79.77 元，交易信号不变，仍然是 1，所以这一天不进行任何交易；但到了 3 月 12 日，5 日均价下跌至约 78.61 元，小于 10 日均价（约 79.29 元），交易信号变为 0，与前一天相比，交易信号的变化为 −1，所以下单卖出一手股票。

可以使用可视化的方法来直观感受这个过程，输入代码如下：

```
#创建尺寸为10*5的画布
plt.figure(figsize=(10,5))
#使用实线绘制股价
plt.plot(zgpa['Adj Close'],lw=2,label='price')
#使用虚线绘制5日均线
plt.plot(strategy['avg_5'],lw=2,ls='--',label='avg5')
#使用-.风格绘制10日均线
plt.plot(strategy['avg_10'],lw=2,ls='-.',label='avg10')
#将买入信号用正三角进行标示
plt.scatter(strategy.loc[strategy.order==1].index,
            zgpa['Adj Close'][strategy.order==1],
            marker = '^', s=80,color='r',label='Buy')
#将卖出信号用倒三角进行标示
plt.scatter(strategy.loc[strategy.order==-1].index,
            zgpa['Adj Close'][strategy.order==-1],
            marker = 'v', s=80,color='g',label='Sell')
#添加图注
plt.legend()
#添加网格以便于观察
plt.grid()
#显示图像
plt.show()
```

运行代码，可以得到如图 2.3 所示的结果。

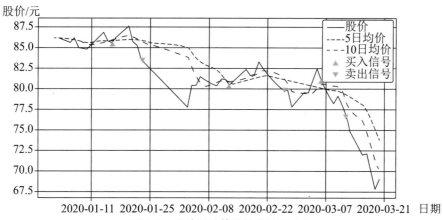

图 2.3 移动平均策略给出的买卖点

【**结果分析**】从图 2.3 中可以看到，使用移动平均策略，在选取的时间范围内一共进行了 6 笔交易，其中 3 笔买入，3 笔卖出。由于在该时间范围内，该股的价格一直处于下跌的趋势，通过肉眼也可以看出，每次卖出的价格都要低于买入的价格，总体应该是亏损的状态。

2.2.3 对双移动平均策略进行回测

虽然我们用肉眼也可以看出在股价整体下跌的过程中，双移动平均策略的业绩表现并不好，不过我们还是可以写一点简单的代码来进行回测。输入代码如下：

```
#这次我们还是给小瓦2万元钱的启动资金
initial_cash = 20000
#新建一个数据表positions，序号和strategy数据表保持一致
#用0替换空值
positions = pd.DataFrame(index = strategy.index).fillna(0)
#因为A股买卖都是最低100股
#因此设置stock字段为交易信号的100倍
positions['stock'] = strategy['signal'] * 100
#创建投资组合数据表，用持仓的股票数量乘以股价得出持仓的股票市值
portfolio['stock value'] =\
positions.multiply(zgpa['Adj Close'], axis=0)
#同样仓位的变化就是下单的数量
order = positions.diff()
#用初始资金减去下单金额的总和就是剩余的资金
portfolio['cash'] = initial_cash - order.multiply(zgpa['Adj Close'],
axis=0).cumsum()
#剩余的资金+持仓股票市值即总资产
portfolio['total'] = portfolio['cash'] + portfolio['stock value']
#检查一下后10行
portfolio.tail(10)
```

运行代码，可以得到如表 2.5 所示的结果。

表 2.5 最后 10 个交易日的投资组合情况

Date （日期）	stock （持仓）	stock value （持仓价值）	cash （可用现金）	total （总资产）
2020-03-09	7813.999939	7813.999939	11640.999603	19454.999542
2020-03-10	7918.000031	7918.000031	11640.999603	19558.999634
2020-03-11	7815.000153	7815.000153	11640.999603	19455.999756
2020-03-12	0.000000	0.000000	19305.999756	19305.999756
2020-03-13	0.000000	0.000000	19305.999756	19305.999756
2020-03-16	0.000000	0.000000	19305.999756	19305.999756
2020-03-17	0.000000	0.000000	19305.999756	19305.999756
2020-03-18	0.000000	0.000000	19305.999756	19305.999756
2020-03-19	0.000000	0.000000	19305.999756	19305.999756
2020-03-20	0.000000	0.000000	19305.999756	19305.999756

【**结果分析**】从表2.5中可以看到，截至2020年3月20日，小瓦持仓的仓位为0，此时的总资产只剩19306元，相比初始的20000元，总资产缩水了694元。小瓦虽然没有赚到钱，但也没有亏损太多。

为了和小瓦自己的策略进行直观对比，这里也用可视化的方法来展示一下双移动平均策略的回测结果。输入代码如下：

```
#创建10*5的画布
plt.figure(figsize=(10,5))
#绘制总资产曲线
plt.plot(portfolio['total'], lw=2, label='total')
#绘制持仓股票市值曲线
plt.plot(portfolio['stock value'],lw=2,ls='--', label='stock value')
#添加图注
plt.legend()
#添加网格
plt.grid()
#展示图像
plt.show()
```

运行代码，可以得到图2.4所示的结果。

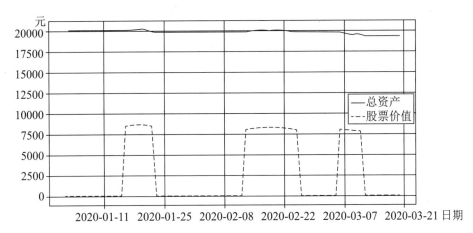

图2.4 总资产与持仓市值的变化

【**结果分析**】从图2.4中可以看到，使用双移动平均策略进行交易，在选定的时间范围内，总资产也轻微减少了。其表现也没有比小瓦自己的"低买高卖"策略更加出色。当然，如果我们仔细思考一下，就会发现使用该策略后，小瓦持仓的时间要比使用"低买高卖"策略短很多；而且在3月12日以后，一直保持着空仓的状态，避免了股价大幅下跌带来的损失。

经过测试，双移动平均策略作为经典交易策略之一，有一定的可取之处；但是在股价下行的趋势中，也没有实现"逆势赚钱"。看来我们还需要和小瓦一起，再了解一下其他的交易策略。

2.3　经典策略之海龟策略

说起经典的交易策略，就不得不提到"海龟策略"——一个 20 世纪 80 年代提出的，以海龟交易法则为核心的交易策略。其核心要点是：在股价超过过去 N 个交易日的股价最高点时买入，在股价低于过去 N 个交易日的股价最低点时卖出。上述的若干个最高点和最低点会组成一个通道，称为"唐奇安通道"。

关于海龟策略的介绍，限于篇幅，本书不展开详细介绍。我们重点来研究一下如何帮助小瓦使用 Python 来实现海龟策略。

2.3.1　使用海龟策略生成交易信号

海龟策略的一个重点是，使用过去 N 天的股价最高点和过去 N 天的股价最低点生成唐奇安通道。一般来说，N 会设置为20。不过因为我们下载的股票数据时间范围跨度比较小，所以选择了使用过去 5 日的股价最高点和最低点来进行演示。输入代码如下：

```
#创建一个名为turtle的数据表，使用原始数据表的日期序号
turtle = pd.DataFrame(index = zgpa.index)
#设置唐奇安通道的上沿为前5天股价的最高点
turtle['high'] = zgpa['Adj Close'].shift(1).rolling(5).max()
#设置唐奇安通道的下沿为过去5天的最低点
turtle['low'] = zgpa['Adj Close'].shift(1).rolling(5).min()
#当股价突破上沿时，发出买入信号
turtle['buy'] = zgpa['Adj Close'] > turtle['high']
#当股价突破下沿时，发出卖出信号
turtle['sell'] = zgpa['Adj Close'] < turtle['low']
#检查信号创建情况
turtle.tail()
```

运行代码，可以得到如表 2.6 所示的结果。

表 2.6　使用海龟策略生成交易信号

Date （日期）	high （最高价）	low （最低价）	buy （买入）	sell （卖出）
2020-03-16	79.180000	74.709999	False	True
2020-03-17	79.180000	72.000000	False	False
2020-03-18	78.150002	72.000000	False	True
2020-03-19	76.650002	69.870003	False	True
2020-03-20	74.709999	67.809998	False	False

【结果分析】从表 2.6 中可以看到，high 中存储的是唐奇安通道的上沿数据；low 中存储的是唐奇安通道的下沿；buy 如果为 True，则为买入信号；sell 如果为 True，则为卖出信号；而当 buy 和 sell 都是 False 时，则不进行下单。

注意：实际上，在唐奇安通道中，还有一条中线，中线的值是上沿和下沿的均值。本例进行了简化处理。

2.3.2　根据交易信号和仓位进行下单

下面我们就根据生成的交易信号来下单。需要说明的是，当程序给出交易信号时，还要结合仓位来判断：当交易信号为"买入"且空仓时，我们才会下买入订单；而交易信号为"卖出"且有持仓股票时，我们才会下卖出订单。输入代码如下：

```
#初始的订单状态为0
turtle['orders']=0
#初始的仓位为0
position = 0
#设置循环，遍历turtle数据表
for k in range(len(turtle)):
    #当买入信号为True且仓位为0时下单买入1手
    if turtle.buy[k] and position ==0:
        #修改对应的orders值为1
        turtle.orders.values[k] = 1
        #仓位也增加1手
        position = 1
    #当卖出信号为True且有持仓时买出1手
    elif turtle.sell[k] and position > 0:
        #orders的值修改为-1
        turtle.orders.values[k] = -1
        #仓位相应清零
```

```
        position = 0
#检查是否成功
turtle.tail(15)
```

运行代码，可以得到如表 2.7 所示的结果。

表 2.7   根据交易信号和仓位进行下单

Date （日期）	high （最高价）	low （最低价）	buy （买入）	sell （卖出）	orders （下单）
2020-03-02	80.720001	77.720001	False	False	0
2020-03-03	80.190002	77.720001	False	False	0
2020-03-04	79.830002	77.720001	True	False	1
2020-03-05	80.580002	77.720001	True	False	0
2020-03-06	82.449997	77.720001	False	False	0
2020-03-09	82.449997	79.489998	False	True	−1
2020-03-10	82.449997	78.139999	False	False	0
2020-03-11	82.449997	78.139999	False	False	0
2020-03-12	82.449997	78.139999	False	True	0
2020-03-13	80.910004	76.650002	False	True	0
2020-03-16	79.180000	74.709999	False	True	0
2020-03-17	79.180000	72.000000	False	False	0
2020-03-18	78.150002	72.000000	False	True	0
2020-03-19	76.650002	69.870003	False	True	0
2020-03-20	74.709999	67.809998	False	False	0

【结果分析】仔细观察表 2.7，大家会发现：在 3 月 4 日这一天，程序下了买入单；而在 3 月 9 日，程序下了卖出单。如果读者朋友得到了类似表 2.7 的结果，说明成功地根据交易信号和仓位生成了买卖订单。

为了方便观察，我们也可以用可视化的方式来进行下单的展示。输入代码如下：

```
#创建10*5的画布
plt.figure(figsize=(10,5))
#绘制股价的折线图
plt.plot(zgpa['Adj Close'],lw=2)
#绘制唐奇安通道上沿
plt.plot(turtle['high'],lw=2, ls='--',c='r')
#绘制唐奇安通道下沿
plt.plot(turtle['low'],lw=2,ls='--',c='g')
```

```
#标出买入订单,用正三角标记
plt.scatter(turtle.loc[turtle.orders==1].index,
            zgpa['Adj Close'][turtle.orders==1],
            marker='^',s=80,color='r',label='Buy')
#标出卖出订单,用倒三角标记
plt.scatter(turtle.loc[turtle.orders==-1].index,
            zgpa['Adj Close'][turtle.orders==-1],
            marker='v',s=80,color='g',label='Sell')
#添加网格、图注并显示
plt.legend()
plt.grid()
plt.show()
```

运行代码，可以得到如图 2.5 所示的结果。

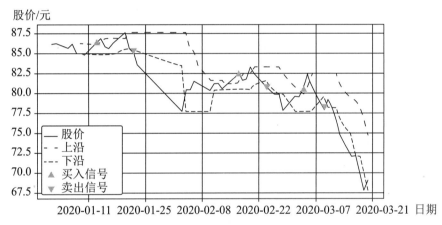

图 2.5　使用海龟策略生成的订单

【结果分析】在图 2.5 中，实线部分体现的是该股每日的价格，两条虚线分别对应唐奇安通道的上沿和下沿。我们仔细观察会发现，当股价第一次突破唐奇安通道上沿时，程序进行了买入，但随后的几天中，股价再次突破了上沿，但由于此时已经有 1 手持仓，故没有再次买入。之后股价急转直下，突破了通道下沿，程序下单卖出。依次类推，在选定的时间范围内，程序进行了 6 笔交易。

2.3.3　对海龟策略进行回测

在前面小节中，我们使用海龟策略分别生成了交易信号和订单。同样，为了帮助小瓦了解海龟策略的业绩表现，下面对其进行简单回测。输入代码如下：

```
#再次给小瓦2万元初始资金
initial_cash = 20000
#创建新的数据表，序号和turtle数据表一致
positions = pd.DataFrame(index=turtle.index).fillna(0.0)
#每次交易为1手，即100股，仓位即买单和卖单的累积加和
positions['stock'] = 100 * turtle['orders'].cumsum()
#创建投资组合数据表
portfolio = positions.multiply(zgpa['Adj Close'], axis=0)
#持仓市值为持仓股票数乘以股价
portfolio['holding_values'] = (positions.multiply(zgpa['Adj Close'],
axis=0))
#计算出仓位的变化
pos_diff = positions.diff()
#剩余的现金是初始资金减去仓位变化产生的现金流累计加和
portfolio['cash'] = initial_capital - (pos_diff.multiply(zgpa['Adj
Close'], axis=0)).cumsum()
#总资产即持仓股票市值加剩余现金
portfolio['total'] = portfolio['cash'] + portfolio['holding_values']
#使用可视化的方式展示
#下面的代码都很熟悉了，就不逐行注释了
plt.figure(figsize=(10,5))
plt.plot(portfolio['total'])
plt.plot(portfolio['holding_values'],'--')
plt.grid()
plt.legend()
plt.show()
```

运行代码，可以得到如图 2.6 所示的结果。

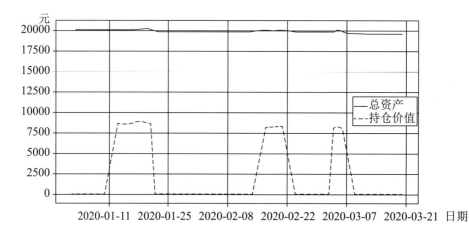

图 2.6　使用海龟策略交易的持仓市值与总资产

【结果分析】从图 2.6 中可以清晰地看到使用海龟策略进行交易后小瓦总资产和持仓市值的变化情况：实线部分体现的是总资产变化，虚线部分代表小瓦持仓股票的市值。与使用双移动平均策略相似，在整个股价变动明显的情况下，小瓦的总资产略有减少。

为了对比海龟策略和双移动平均策略的业绩表现，我们可以看看使用海龟策略后，小瓦的总资产究竟减少了多少。输入代码如下：

```
#检查最后若干天小瓦的资产情况
portfolio.tail(13)
```

运行代码，可以得到如表 2.8 所示的结果。

表 2.8　小瓦最后的总资产

Date （日期）	stock （持仓）	holdings （持仓价值）	cash （可用现金）	total （总资产）
2020-03-04	8058.000183	8058.000183	11652.000427	19710.000610
2020-03-05	8244.999695	8244.999695	11652.000427	19897.000122
2020-03-06	8091.000366	8091.000366	11652.000427	19743.000793
2020-03-09	0.000000	0.000000	19466.000366	19466.000366
2020-03-10	0.000000	0.000000	19466.000366	19466.000366
2020-03-11	0.000000	0.000000	19466.000366	19466.000366
2020-03-12	0.000000	0.000000	19466.000366	19466.000366
2020-03-13	0.000000	0.000000	19466.000366	19466.000366
2020-03-16	0.000000	0.000000	19466.000366	19466.000366
2020-03-17	0.000000	0.000000	19466.000366	19466.000366
2020-03-18	0.000000	0.000000	19466.000366	19466.000366
2020-03-19	0.000000	0.000000	19466.000366	19466.000366
2020-03-20	0.000000	0.000000	19466.000366	19466.000366

【结果分析】从表 2.8 中可以看到，小瓦最后的总资产约为 19466 元，相比初始资金 20000 元，减少了 544 元；而使用双移动平均策略进行交易，小瓦的总资产缩水 694 元。在本例中，海龟策略稍胜一筹（少赔的就是赚的）。

注意：在本章写作的过程中，使用的股票数据恰好在选定的时间范围内，呈现出下跌的趋势。在这种趋势下，尽量降低资产损失也是很有必要的。如果读者朋友有兴趣，可以测试一下在时间范围起始点买入该股票，并在最后时间点卖出，对比总资产的损失情况。

2.4　小结

在本章中，为了帮助小瓦评估她的"低买高卖"策略，我们简单设计了一个回测程序，通过小瓦总资产的变化来评价策略的业绩表现；随后又介绍了两个经典的交易策略——双移动平均策略和海龟策略。当然，这两种策略都是基于市场动量的变化而设计的，核心思想如下：如果股价上涨并超过某个点位，说明其上升的动量变强，这时应该买入；反之，则下行的动量变强，此时应该卖出。类似的策略也可以看作基于直觉的交易策略，在下一章中，我们会和小瓦一起学习使用机器学习技术来创建交易策略。

第 3 章 AI 来了——机器学习 在交易中的简单应用

在第 2 章中，我们和小瓦一起用简单的回测来对交易策略进行了评估，并且学习了两种基于市场动量的经典交易策略。现在小瓦提出一个新的问题：如果我们掌握了足够多的数据，不就可以用机器学习技术来预测股价的涨跌和涨幅了吗？事实上，这是一个非常好的主意。机器学习技术就是使用样本数据训练模型，并且让模型对新样本做出预测的技术。本章我们就和小瓦一起来探索一下机器学习在交易中的基本应用。本章的主要内容如下。

- 机器学习的基本概念。
- 机器学习工具的基本使用方法。
- 基于机器学习的简单交易策略。

3.1 机器学习的基本概念

近年来，随着人工智能（Artificial Intelligence，AI）的蓬勃发展，机器学习在各行各业都有着非常广泛的应用。不过，作为一个非计算机专业出身的学生，机器学习对于小瓦来说是一个完全陌生的领域。然而，小瓦坚信世上无难事，只怕有心人。更何况要理解机器学习的基本概念，其实并不困难。当然，对机器学习的基本概念已经有一定了解的读者，可以跳过这一部分，直接阅读后面的内容。

3.1.1 有监督学习和无监督学习

在机器学习领域，有监督学习（supervised learning）和无监督学习（unsupervised learning）是常见的两种方法。为了帮助小瓦理解这两种方法的不同，我们可以用一个小例子来阐述。

例如，我们给小瓦一堆化妆品，如图 3.1 所示。

图 3.1　一堆化妆品

相信小瓦与其他女生一样，可以很轻松地叫出图 3.1 中每样化妆品的名字。这是因为在小瓦的认知当中，每种物品已经有了一个标签（label），如口红、眉笔、粉扑。这些标签对应着不同的特征（feature），例如，"红色""用来涂在嘴唇上"的，对应的就是"口红"这个标签。图 3.1 中符合这个特征的化妆品，就会被小瓦归入"口红"这个类别。对于模型来说，这种有已知标签的任务就是有监督学习的一种。

我们再给小瓦一些不同的物品，如图 3.2 所示。

图 3.2　一个计算机主板

这时我们再来要求小瓦说出如图 3.2 所示计算机主板上零件的名字，就有些难为她了。毕竟小瓦没有接触过这个领域的知识，也就是说，在小瓦的脑子里，没有这些零件所对应的标签。即便如此，小瓦还是可以通过观察这些东西的特征，将它们归到不同的类别中，例如，有些是"黑色凹槽"，有些是"白色凹槽"，有些是"黑色圆柱"——虽然不知道它们具体是什么东西，但还是能够看出它们的作用肯定是不同的。这种没有已知标签，但是让模型通过观察特征将它们放入不同类别的过程，就是无监督学习的一种。

3.1.2 分类和回归

在有监督学习当中，常见的两种任务就是分类（classification）和回归（regression）。其中，分类任务指的是，给定样本的分类标签，训练模型使其可以将新的样本归入正确的分类中——这时模型的目标是离散的；而回归任务指给定样本的目标值，训练模型使其可以预测出新样本对应的数值——这时模型的目标是连续的。

用小瓦可以更容易理解的语言来说，假如要预测某只股票在未来会"涨"还是会"跌"，这时模型所做的就是分类的工作，但如果要预测某只股票未来会涨 1 元，还是 8 角 8 分，还是 -5 角，这时模型所做的就是回归的工作。

3.1.3 模型性能的评估

如果使用算法来进行交易的话，小瓦最关心的就是模型是否可以准确地预测出股票的涨跌或者涨幅。实际上，模型是不可能做到百分之百准确的，这就需要我们对模型的性能进行评估，以便找到最可用的模型。要达到这个目的，我们就需要将掌握的数据集（dataset）拆分为训练集（trainset）和验证集（testset），使用训练集训练模型，并使用验证集来评估模型是否可用。

举一个例子，假如小瓦有某只股票 100 天的价格数据，就可以将前 80 天的数据作为训练集，将后 20 天的数据作为验证集，同时评估模型分别在训练集与验证集中的准确率。如果模型在训练集中的得分很高，而在验证集中的得分很低，就说明模型出现了过拟合（over-fitting）的问题；而如果模型在训练集和验证集中的得分都很低，就说明模型出现了欠拟合（under-fitting）的问题。

要解决这些问题，小瓦就需要调整模型的参数、补充数据，或者进行更细致的特征工程。随着小瓦工作的继续深入，我们会一起来探索详细的解决方案。

3.2 机器学习工具的基本使用方法

对于小瓦这种初学者来说，有一个特别好的消息，即在 Python 中实现各种不同的机器学习算法是非常容易的，有各种各样的第三方库可以直接调用，如久负盛名的 scikit-learn、深度学习框架 TensorFlow、Pytorch 及很容易上手的 Keras 等。在本节中，我们就帮助小瓦来熟悉一下 scikit-learn 的基本使用方法。

3.2.1　KNN算法的基本原理

在诸多机器学习算法中，KNN（K-Nearest Neighbor，K 最近邻）算得上是较简单且易于理解的算法之一了。不过，简单不意味着 KNN 能做的事情比较少，它既可以用于分类任务，也可以用于回归任务。

KNN 算法的原理十分容易理解：它识别 k 个最近的数据点（基于欧几里得距离）来进行预测，它分别预测邻域中最频繁的分类或是回归情况下的平均结果。用通俗的话讲，已知大部分皮肤比较白的人是欧洲人，大部分皮肤比较黑的人是非洲人。现在给你介绍一位朋友，让你判断他来自哪个国家。通过目测，你发现这位朋友与 3 位非洲朋友的肤色比较接近，与 1 位欧洲朋友的肤色比较接近，这时，你大概率会把这位新朋友归到非洲人的分类当中。

对于回归任务来说，KNN 的工作机理也是相似的。例如，你打算去买一套房子，在同一个小区当中发现有 3 套户型和面积都十分接近的房屋。第一套的售价是 500 万元，第二套的售价是 520 万元，而第三套的售价未知。鉴于第三套的情况与前面两套十分接近，你可以大致估算出它的售价会是 510 万元左右，即前两套房子售价的均值。

下面我们来逐一演示一下 KNN 在分类和回归当中的应用。

3.2.2　KNN算法用于分类

1. 载入数据集并查看

scikit-learn 内置了一些供大家学习的玩具数据集（toy dataset），其中有些是分类任务的数据，有些是回归任务的数据。首先我们使用一个最简单的数据集来给小瓦演示 KNN 算法在分类中的应用。输入代码如下：

```
#首先导入鸢尾花数据载入工具
from sklearn.datasets import load_iris
#导入KNN分类模型
from sklearn.neighbors import KNeighborsClassifier
#为了方便可视化，我们再导入matplotlib和seaborn
```

```
import matplotlib.pyplot as plt
import seaborn as sns
```

【结果分析】运行代码，如果程序没有报错，就说明所有的库都已经成功载入。接下来我们就用数据集载入工具加载数据。输入代码如下：

```
#加载鸢尾花数据集，赋值给iris变量
iris = load_iris()
#查看数据集的键名
iris.keys()
```

运行代码，我们会得到下面的结果：

```
dict_keys(['data', 'target', 'target_names', 'DESCR', 'feature_names',
'filename'])
```

【结果分析】如果读者朋友们也得到了同样的结果，就说明代码运行成功。我们看到，该数据集存储了若干个键（key），这里我们重点关注一下其中的 target 和 feature_names，因为这两个键对应的分别是样本的分类标签和特征名称。

首先我们看下数据集存储了样本的哪些特征，输入代码如下：

```
#查看数据集的特征名称
iris.feature_names
```

运行代码，可以得到如下结果：

```
['sepal length (cm)',
 'sepal width (cm)',
 'petal length (cm)',
 'petal width (cm)']
```

【结果分析】从上述代码结果中可以看出，数据集中的样本共有 4 个特征，分别是 sepal length（萼片长度）、sepal width（萼片宽度）、petal length（花瓣长度）和 petal width（花瓣宽度）。

下面再来看一下这些样本被分为几类，输入代码如下：

```
#查看数据集中的样本分类
iris.target
```

运行代码，会得到结果如下：

array（[0, 0, 0, 0, 0, 0, 0, 0, 0, 0, 0, 0, 0, 0, 0, 0, 0, 0, 0, 0, 0,

0, 0, 0, 0, 0, 0, 0, 0, 0, 0, 0, 0, 0, 0, 0, 0, 0, 0, 0, 0, 0,

0, 0, 0, 0, 0, 0, 1, 1, 1, 1, 1, 1, 1, 1, 1, 1, 1, 1, 1, 1, 1,

1, 1, 1, 1, 1, 1, 1, 1, 1, 1, 1, 1, 1, 1, 1, 1, 1, 1, 1, 1, 1,

1, 1, 1, 1, 1, 1, 1, 1, 1, 1, 1, 2, 2, 2, 2, 2, 2, 2, 2, 2, 2,

2, 2, 2, 2, 2, 2, 2, 2, 2, 2, 2, 2, 2, 2, 2, 2, 2, 2, 2, 2, 2,

2, 2, 2, 2, 2, 2, 2, 2, 2, 2, 2, 2, 2, 2, 2, 2, 2]）

【结果分析】观察代码的运行结果，我们可以发现系统返回了一个数组，数组中的数字有 0、1 和 2。这说明数据集中的样本分为 3 类，分别用 0、1、2 这 3 个数字来表示。

到这里，相信小瓦也已经明白，这个数据集的目的是：根据样本鸢尾花萼片和花瓣的长度及宽度，结合分类标签来训练模型，以便让模型可以预测出某一种鸢尾花属于哪个分类。

2. 拆分数据集

下面，我们就来把数据集拆分为训练集和验证集，以便验证模型的准确率。先输入如下代码：

```
#将样本的特征和标签分别赋值给X和y
X, y = iris.data, iris.target
#查看是否成功
X.shape
```

运行代码，会得到以下结果：

```
(150, 4)
```

【结果分析】从上面的代码运行结果可以看出，我们将数据集的特征赋值给了 X，而将分类标签赋值给了 y。通过查看 X 的形态，可知样本数量共有 150 个，每个样本有 4 个特征。

下面来对数据集进行拆分，输入代码如下：

```
#导入数据集拆分工具
from sklearn.model_selection import train_test_split
#将X和y拆分为训练集和验证集
```

```
X_train, X_test, y_train, y_test =\
train_test_split(X, y)
#查看拆分情况
X_train.shape
```

运行代码，会得到以下结果：

```
(112, 4)
```

【结果分析】从上面的代码运行结果可以看到，通过拆分，训练集中的样本数量为112个，其余的38个样本则进入了验证集。

3. 训练模型并评估准确率

下面训练一个最简单的 KNN 模型，输入代码如下：

```
#创建KNN分类器,参数保持默认设置
knn_clf = KNeighborsClassifier()
#使用训练集拟合模型
knn_clf.fit(X_train, y_train)
#查看模型在训练集和验证集中的准确率
print('训练集准确率: %.2f'%knn_clf.score(X_train, y_train))
print('验证集准确率: %.2f'%knn_clf.score(X_test, y_test))
```

运行代码，会得到以下结果：

```
训练集准确率: 0.98
验证集准确率: 0.95
```

【结果分析】从上面的代码运行结果可以看到，使用 KNN 算法训练的分类模型，在训练集中的准确率达到了 98%，在验证集中的准确率达到了 0.95%。这是一个非常不错的成绩。

需要说明的是，在 scikit-learn 中，KNN 可以通过调节 n_neighbors 参数来改进模型的性能。在不手动指定的情况下，KNN 默认的近邻参数 n_neighbors 为 5。那么这个参数是最优的吗？我们可以使用网格搜索法来寻找到模型的最优参数。输入代码如下：

```
#导入网格搜索
from sklearn.model_selection import GridSearchCV
```

```
#定义一个从1到10的n_neighbors
n_neighbors = tuple(range(1,11,1))
#创建网格搜索实例,estimator用KNN分类器
#把刚刚定义的n_neighbors传入给param_grid参数
#cv参数指交叉验证次数为5
cv = GridSearchCV(estimator=KNeighborsClassifier(),
                  param_grid = {'n_neighbors':n_neighbors},
                  cv = 5)
#使用网格搜索拟合数据集
cv.fit(X,y)
#查看最优参数
cv.best_params_
```

运行代码，会得到以下结果：

```
{'n_neighbors': 6}
```

【结果分析】从上面的代码运行结果可以看到，程序将网格搜索找到的最优参数进行了返回——KNN 分类器的最优 n_neighbors 参数是 6。也就是说，当 n_neighbors 参数为 6 时，模型的准确率是最高的。

下面我们就来看一下当把 n_neighbors 设置为 6 时，模型的准确率。输入代码如下：

```
#创建KNN分类器,n_neighbors设置为6
knn_clf = KNeighborsClassifier(n_neighbors=6)
#使用训练集拟合模型
knn_clf.fit(X_train, y_train)
#查看模型在训练集和验证集中的准确率
print('训练集准确率: %.2f'%knn_clf.score(X_train, y_train))
print('验证集准确率: %.2f'%knn_clf.score(X_test, y_test))
```

运行代码，会得到以下结果：

```
训练集准确率: 0.99
验证集准确率: 0.95
```

【结果分析】从上面的代码运行结果可以看到，当把 n_neighbors 参数设置为 6 时，模型在训练集中的准确率提高到了 99%，可以说这是非常不错的成绩了；而在验证集中的准确率依旧保持在 95% 左右，没有显著的提升。

3.2.3 KNN算法用于回归

下面我们就来给小瓦展示 KNN 算法在回归任务中的应用。

1. 载入数据集并查看

这里依旧使用 scikit-learn 内置的数据集来给小瓦进行讲解。说到回归任务，我们自然会想到波士顿房价数据集。该数据集中有 506 个样本，每个样本有 13 个特征，以及对应的价格（target）。下面我们载入数据集并对其进行初步的了解。

```
#载入波士顿房价数据集导入工具
from sklearn.datasets import load_boston
#将数据导入
boston = load_boston()
#查看数据集的键名
boston.keys()
```

运行代码，会得到以下结果：

```
dict_keys(['data', 'target', 'feature_names', 'DESCR', 'filename'])
```

【结果分析】从代码运行结果可以看出，数据集中存储了 5 个键，这里我们重点关注 target（房屋的售价）及 feature_names（房屋的特征）。也就是说，我们需要训练模型，让它学习房屋特征和售价的关系，并且可以自动预测出新房屋的售价。

下面来看一下数据中存储的特征都有哪些，输入代码如下：

```
#查看样本的特征名称
boston.feature_names
```

运行代码，会得到以下结果：

```
array(['CRIM', 'ZN', 'INDUS', 'CHAS', 'NOX', 'RM', 'AGE', 'DIS', 'RAD',
       'TAX', 'PTRATIO', 'B', 'LSTAT'], dtype='<U7')
```

【结果分析】从代码运行结果可以看到，程序返回了样本全部的特征名称，包括房间数量 RM、房龄 AGE 等共计 13 个。因为这里只是进行回归分析的演示，所以我们不展开讲解这些特征具体代表什么。感兴趣的读者可以自行查看 scikit-learn 官方文件进行深入了解。

如果读者朋友希望继续了解房屋的价格是什么样子，可以使用下面这行代码来查看一下：

```
#选取前十套房屋，查看售价
boston.target[:10]
```

运行代码，可以看到程序返回的前 10 套房屋售价如下：

```
array([24. , 21.6, 34.7, 33.4, 36.2, 28.7, 22.9, 27.1, 16.5, 18.9])
```

接下来重复进行类似分类任务的步骤，将数据集拆分为训练集和验证集。

2. 拆分数据集并训练模型

与分类任务一样，在回归任务中，我们也要使用训练集来训练模型，并使用验证集来验证模型的性能。下面来进行数据集的拆分，输入代码如下。

```
#将样本特征和售价赋值给X, y
X, y = boston.data, boston.target
#使用train_test_split拆分为训练集和验证集
X_train, X_test, y_train, y_test =\
train_test_split(X, y)
#查看拆分的结果
X_train.shape
```

运行代码，会得到如下结果：

```
(379, 13)
```

【结果分析】如果读者朋友也得到了这个结果，就说明你的数据集拆分成功。训练集中有 379 个样本，其余 127 个样本进入了验证集。

下面开始模型的训练，输入代码如下：

```
#导入KNN回归算法
from sklearn.neighbors import KNeighborsRegressor
#创建一个实例，参数保持默认设置
knn_reg = KNeighborsRegressor()
```

```
#拟合训练集数据
knn_reg.fit(X_train, y_train)
#查看模型在训练集和验证集的性能表现
print('训练集准确率: %.2f'%knn_reg.score(X_train, y_train))
print('验证集准确率: %.2f'%knn_reg.score(X_test, y_test))
```

运行代码，会得到以下结果：

```
训练集准确率: 0.71
验证集准确率: 0.50
```

【结果分析】从上面的代码运行结果可以看到，缺省参数的 KNN 回归模型在该数据集中的性能表现差强人意，在训练集中的准确率只有 71%，而在验证集中则更加糟糕，只有 50%。这说明模型出现了欠拟合的问题，我们需要对数据集进行处理，或者对模型进行调优。

3. 模型评估的不同方法和改进

到这里，相信读者朋友们和小瓦一样，发现了这样一个事情：不论是在分类模型中，还是回归模型中，我们都使用了 .score( ) 方法来评估模型的性能。然而，在两种模型中，.score( ) 方法所进行的计算是不一样的。在分类模型中，.score( ) 返回的是模型预测的准确率（accuracy），其计算公式为

$$acc = \frac{TP+TN}{TP+FP+TN+FN}$$

在上面这个公式中，TP（True Positive）表示模型预测正确的正样本数量；TN（True Negative）表示模型预测正确的负样本数量；FP（False Positive）表示原本是负样本，却被模型预测为正样本的数量，也就是我们平时说的"假阳性"；FN（False Negative）表示原本是正样本，却被模型预测为负样本的数量，也就是"假阴性"。TP、FP、TN、FN 的和就是所有的样本数量。也就是说，分类模型的准确率是模型预测正确的样本数量，除以全部参与预测的样本数量。当然，除了准确率之外，我们还可以用 Precision、Recall、F1 score 等方法来对分类模型进行性能评估，这里暂时不展开讲解。

在回归任务中，.score( ) 方法返回的是模型的 R^2。对于小瓦来说，这个概念有些陌生。R^2 是描述模型预测数值与真实值差距的指标，它的计算公式为

$$R^2 = 1 - \frac{\Sigma(y-\hat{y})^2}{\Sigma(y-\overline{y})^2}$$

在这个公式中，$\hat{y}$ 代表模型对样本的估计值，$\bar{y}$ 可代表的是样本真实值的均值。也就是说，R^2 是样本真实值减模型估计值，再进行平方并求和，除以样本真实值减样本平均值的平方和，最后用 1 减去这个结果。因此 R^2 取值为 $0 \sim 1$，并且越接近 1，说明模型的性能越好。

除了 R^2 之外，回归模型还可以用均方误差（Mean Squared Error，MSE）、绝对中位差（Median Absolute Error，MAE）等指标来进行评估。如果有需要，我们也会在后面做进一步的讲解。

前面说了，缺省参数的 KNN 模型在波士顿房价预测这个任务中的表现并不理想。下面我们尝试对 KNN 回归的参数进行调整，看是否可以改进模型的性能。与分类模型一样，我们先使用网格搜索来寻找模型的最优参数。输入代码如下：

```python
#这次让n_neighbors参数从1到20遍历
n_neighbors = tuple(range(1,21,1))
#创建KNN回归的网格搜索实例
cv_reg = GridSearchCV(estimator = KNeighborsRegressor(),
                      param_grid = {'n_neighbors':n_neighbors},
                      cv = 5)
#用网格搜索拟合数据集
cv_reg.fit(X, y)
#返回最佳参数
cv_reg.best_params_
```

运行代码，会得到以下结果：

```
{'n_neighbors': 10}
```

【结果分析】从上面的代码运行结果可以看到，KNN 回归模型的最佳 n_neighbors 参数是 10，也就是说，当 n_neighbors 取 10 时，模型的 R^2 最高。

现在来看一下当 n_neighbors 取 10 时，模型的 R^2 是多少。输入代码如下：

```python
#查看最佳参数对应的最佳模型R²
cv.best_score_
```

运行代码，会得到以下结果：

```
0.98
```

【结果分析】从代码运行结果可以看到，当我们设置 KNN 回归模型的 n_neighbors 参数为 10 时，模型的 R^2 提高到了 0.98，可以说在性能方面有了显著的提升。

注意：在使用网格搜索时，我们没有手动将数据集拆分为训练集和验证集。这是因为网格搜索内置了交叉验证（cross validation）法。在网格搜索中，我们设置 **cv** 参数为 **5**，也就是说，交叉验证会将数据分成 **5** 份，第一份作为验证集，其余作为训练集，而后再把第二份作为验证集，其余部分作为训练集……以此类推，直到全部验证完毕，因此省去了拆分数据集的步骤。

3.3　基于机器学习的简单交易策略

至此，小瓦已经对 KNN 分类和回归模型有了基本的了解。当然除了 KNN 之外，还有很多算法可以供我们进行选择，如决策树、支持向量机、线性回归、逻辑回归等。接下来我们就使用最简单的 KNN 算法，基于真实的股票数据集来制订交易策略，并计算它所带来的收益。

3.3.1　获取股票数据

首先我们使用之前学过的 datareader 来获取股票数据，这里需要导入一些必要的库，输入代码如下：

```
#导入Pandas
import pandas as pd
#导入金融数据获取模块datareader
import pandas_datareader.data as web
#导入numpy，一会儿会用到
import numpy as np
```

运行代码，如果程序没有报错，就说明导入成功。接下来，我们可以定义一个获取股票数据的函数，以便未来还可以复用。输入代码如下：

```
#首先我们来定义一个函数，用来获取数据
#传入的三个参数分别是开始日期、结束日期和输出的文件名
def load_stock(start_date, end_date, output_file):
    #首先让程序尝试读取已下载并保存的文件
```

```
try:
    df = pd.read_pickle(output_file)
    #如果文件已存在,则输出"载入股票数据文件完毕"
    print('载入股票数据文件完毕')
#如果没有找到文件,则重新下载文件
except FileNotFoundError:
    print('文件未找到,重新下载中')
    #这里指定下载601318的交易数据
    #下载源为yahoo
    df = web.DataReader('601318.SS','yahoo', start_date, end_date)
    #下载成功后保存为pickle文件
    df.to_pickle(output_file)
    #通知我们下载完成
    print('下载完成')
#最后将下载的数据表进行返回
return df
```

运行代码之后,就完成了函数的定义。下面就可以使用这个函数来获取数据。输入代码如下:

```
#下面使用我们定义好的函数来获取交易数据
#获取三年的数据,从2017年3月9日至2020年的3月5日
#保存为名为601318的pickle文件
zgpa = load_stock(start_date = '2017-03-09',
                  end_date = '2020-03-05',
                  output_file = '601318.pkl')
```

运行代码,会得到以下结果:

```
文件未找到,重新下载中
下载完成
```

【结果分析】因为这里是第一次使用 load_stock 函数来获取数据,所以程序会提示没有找到文件,并重新开始下载文件。稍等片刻之后,我们便可以看到程序告知数据下载完成。

如果读者朋友想要查看已经下载的数据,则可以使用下面这行代码:

```
#查看数据的前五行
zgpa.head()
```

运行代码,可以得到如表 3.1 所示的结果。

表 3.1　获取的交易数据的前 5 行

Date （日期）	High （最高价）	Low （最低价）	Open （开盘价）	Close （收盘价）	Volume （成交量）	Adj Close （调整后的收盘价）
2017-03-09	35.799999	35.500000	35.770000	35.779999	37796652.0	33.418541
2017-03-10	35.770000	35.580002	35.709999	35.599998	20744676.0	33.250423
2017-03-13	36.040001	35.560001	35.599998	35.970001	35999002.0	33.596004
2017-03-14	36.130001	35.810001	35.990002	35.939999	27696420.0	33.567982
2017-03-15	36.000000	35.759998	35.880001	35.959999	26872050.0	33.586662

【结果分析】从表 3.1 中可以看到，股票数据已经成功加载，包括的字段有 Date（日期）、High（最高价）、Low（最低价）、Open（开盘价）、Close（收盘价）、Volume（成交量），和 Adj Close（调整后的收盘价）。

3.3.2　创建交易条件

接下来我们做一点简单的特征工程，以便进行后面的工作。这里用每日开盘价减去收盘价，并保存为一个新的特征；用最高价减去最低价，保存成另外一个特征。同时，如果股票次日收盘价高于当日收盘价，则标记为 1，代表次日股票价格上涨；反之，如果次日收盘价低于当日收盘价，则标记为 -1，代表股票次日价格下跌或者不变。这个过程可以称为创建股票的交易条件（trading condition）。输入代码如下：

```
#下面我们来定义一个用于分类的函数，给数据表增加三个字段
#首先是开盘价减收盘价，命名为Open-Close
#其次是最高价减最低价，命名为High-Low
def classification_tc(df):
    df['Open-Close'] = df['Open'] - df['Close']
    df['High-Low'] = df['High'] - df['Low']
    #添加一个target字段，如果次日收盘价高于当日收盘价，则标记为1，反之为-1
    df['target'] = np.where(df['Close'].shift(-1)>df['Close'], 1, -1)
    #去掉有空值的行
    df = df.dropna()
    #将Open-Close和High-Low作为数据集的特征
    X = df[['Open-Close', 'High-Low']]
    #将target赋值给y
    y = df['target']
    #将X与y进行返回
    return(X,y)
```

运行代码，就完成了这个函数的定义。由于我们通过股票价格变化的情况对数据进行了分类，即 1 代表价格上涨，-1 代表价格下跌或不变，这个交易条件可以用来训练分类模型。让模型预测某只股票在下一个交易日价格上涨与否。

如果要创建用于回归模型的交易条件，则可以对代码稍做调整，将次日收盘价减去当日收盘价的差作为预测的目标。这样就可以训练回归模型，使其预测次日股价上涨（或下跌）的幅度。输入代码如下：

```python
#下面定义一个用于回归的函数
#特征的添加与分类函数类似
#只不过target字段改为次日收盘价减去当日收盘价
def regression_tc(df):
    df['Open-Close'] = df['Open'] - df['Close']
    df['High-Low'] = df['High'] - df['Low']
    df['target'] = df['Close'].shift(-1) - df['Close']
    df = df.dropna()
    X = df[['Open-Close', 'High-Low']]
    y = df['target']
    #将X和y进行返回
    return(X,y)
```

运行代码即可完成回归交易条件函数的定义。与分类交易条件一样，我们同样是把股票当日的开盘价和收盘价的差，与最高价和最低价的差作为样本的特征。不同的是，预测目标变成了次日收盘价与当日收盘价的差。

3.3.3　使用分类算法制定交易策略

接下来，我们就使用上一步中定义的函数来处理下载好的股票数据，生成训练集与验证集，并训练一个简单的模型，以执行我们的交易策略。输入代码如下：

```python
#使用classification_tc函数生成数据集的特征与目标
df, X, y = classification_tc(zgpa)
#将数据集拆分为训练集与验证集
X_train, X_test, y_train, y_test =\
train_test_split(X, y, train_size=0.8)
```

运行代码后，我们会得到训练集与预测集。现在就使用 KNN 算法来进行模型的训练，并查看模型的性能。输入代码如下：

```
#创建一个KNN实例，n_neighbors取95
knn_clf = KNeighborsClassifier(n_neighbors=95)
#使用KNN拟合训练集
knn_clf.fit(X_train, y_train)
#输出模型在训练集中的准确率
print(knn_clf.score(X_train, y_train))
#输出模型在验证集中的准确率
print(knn_clf.score(X_test, y_test))
```

运行代码，会得到以下结果：

```
0.5421686746987951
0.541095890410959
```

【结果分析】从代码运行结果可以看到，使用经处理的数据集训练的 KNN 模型，在训练集中的准确率是 54% 左右，在验证集中的准确率也是 54% 左右。这个准确率远谈不上理想，相当于只有一半时间里模型对股价的涨跌预测正确。原因是我们训练模型的样本特征确实太少了，无法支撑模型做出正确的判断。不过大家也不要担心，我们只是初步做一个演示而已。

既然模型已经可以做出预测（先不论准确率如何），接下来我们就可以来验证一下，使用模型预测作为交易信号（trading signal）来进行交易，并且与基准收益进行对比。首先我们要计算出基准收益和基于模型预测的策略所带来的收益。输入代码如下：

```
#使用KNN模型预测每日股票的涨跌，保存为Predict_Signal
df['Predict_Signal'] = knn_reg.predict(X)
#在数据集中添加一个字段，用当日收盘价除以前一日收盘价，并取其自然对数
df['Return'] = np.log(df['Close']/df['Close'].shift(1))
#查看一下
df.head()
```

运行代码，可以得到如表 3.2 所示的结果。

表 3.2 添加预测信号和收益率的数据表

Date （日期）	High （最高价）	（字段省略）	Predict_Signal （交易信号）	Return （对数收益）
2017-03-09	35.799999	……	1	NaN
2017-03-10	35.770000	……	1	−0.005043
2017-03-13	36.040001	……	1	0.010340

续表

Date （日期）	High （最高价）	（字段省略）	Predict_Signal （交易信号）	Return （对数收益）
2017-03-14	36.130001	……	1	−0.000834
2017-03-15	36.000000	……	1	0.000556

【结果分析】从表 3.2 中可以看到，数据表中的 Predict_Signal 存储的是 KNN 模型对股票涨跌的预测，而 Return 是指当日股票价格变动所带来的收益。

下面我们定义一个函数，计算一下累计的基准收益。输入代码如下：

```
#定义一个计算累计基准收益的函数
def cum_return(df, split_value):
    #该股票基准收益为Return的总和乘以100，这里只计算预测集的结果
    cum_return = df[split_value:]['Return'].cumsum()*100
    #将计算结果进行返回
    return cum_returns
```

运行代码，就完成了这个函数的定义。接下来我们再定义一个函数，计算基于 KNN 模型预测的交易信号所进行的策略交易带来的收益。输入代码如下：

```
#定义一个计算使用策略交易的收益
def strategy_return(df, split_value):
    #使用策略交易的收益为模型Return乘以模型预测的涨跌幅
    df['Strategy_Return'] = df['Return']*df['Predict_Signal'].shift(1)
    #将每日策略交易的收益加和并乘以100
    cum_strategy_return = df[split_value:]['Strategy_Return'].
cumsum()*100
    #将计算结果进行返回
    return cum_strategy_return
```

定义完上面的函数之后，我们就可以很快计算出算法模型所带来的累计收益了。为了方便对比，我们再来定义一个进行可视化的函数，输入代码如下：

```
#定义一个绘图函数，用来对比基准收益和算法交易的收益
def plot_chart(cum_return, cum_strategy_return, symbol):
    #首先定义画布的尺寸
    plt.figure(figsize=(9,6))
    #使用折线图绘制基准收益
    plt.plot(cum_return, '--', label='%s Returns'%symbol)
    #使用折线图绘制算法交易收益
```

```
plt.plot(cum_strategy_return, label = 'Strategy Returns')
#添加图注
plt.legend()
#显示图像
plt.show()
```

绘图函数定义好之后，我们就可以对 KNN 模型带来的策略收益和基准收益进行对比了。输入代码如下：

```
#首先计算基准收益（预测集）
cum_return = cum_return(df, split_value=len(X_train))
#然后计算使用算法交易带来的收益（同样只计算预测集）
cum_strategy_return = strategy_return(df, split_value=len(X_train))
#用图像来进行对比
plot_chart(cum_return, cum_strategy_return, 'zgpa')
```

运行代码，可以得到如图 3.3 所示的结果。

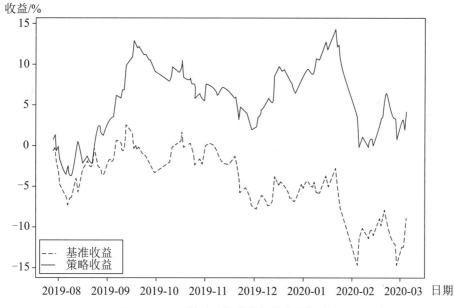

图 3.3　KNN 算法交易收益与基准收益对比

【**结果分析**】从图 3.3 中可以看到，虚线部分是该股票的累积基准收益，实线部分是使用算法进行交易的累计收益。虽然这里使用的 KNN 分类模型的准确率并不高，但是使用该模型进行涨跌预测后，进行交易的收益还是高于该股票的基准收益的。如果我们通过补充因子（或者说数据集的特征）的方法来进一步提高模型的准确率的话，则算法交易带来的收益还会显著提高。

注意：与第 2 章所使用的回测方式不同，这里我们通过对算法交易收益与基准收益的对比来评估策略的业绩，而这种方法在实际应用中更加普遍。

3.4　小结

在本章中，小瓦提出一个非常不错的想法——使用机器学习算法来预测股票的涨跌，并据此创建交易策略来执行订单，因此我们和小瓦一起学习了机器学习的基本概念，并以 KNN 算法为例，展示了机器学习工具的使用方法。当然，由于本章中用来训练模型的样本数据维度比较少，模型的性能表现也就谈不上出色。即便如此，基于 KNN 算法设计的交易策略，收益率仍然明显领先基准收益。在第 4 章中，我们就要研究如何补充数据维度，进一步提升模型的性能。

第4章 多来点数据——借助量化交易平台

现在，小瓦已经对算法交易的基本概念、简单的交易策略、最基本的回测方法有了一定的了解，也尝试了使用机器学习技术来进行股票涨跌的预测。虽然作为简单的实验，KNN 算法的预测准确率还不是很理想，但小瓦猜想，如果我们扩展样本的数据维度，模型的准确率不就可以提高了吗？此外，我们只是随机挑选了一只股票来进行实验，假如能够选出更多涨幅明显的股票来组成投资组合，收益率不也可以大幅提高吗？

为了验证小瓦的猜想，我们就来寻找一些方法来展开实验。本章的主要内容如下。

● 量化交易平台的基本使用方法。

● 利用量化交易平台获取股票的概况与财务数据。

● 利用财务指标进行简单选股。

● 利用量化交易平台获取股东数据。

● 利用量化交易平台查询资金流入 / 流出数据。

4.1 数据不够，平台来凑

既然要进行进一步的实验，我们就需要找到更多的数据（仅仅使用 pandas 的 data_reader 获取的数据不够），而让小瓦自己开发一个爬虫程序去各大网站"爬"数据，学习成本又太高，还要花费大量的时间，那小瓦还不如直接用别人已经整理好的数据呢。也就是说，小瓦可以借助现有的量化交易平台来进行研究。

4.1.1　选择量化交易平台

现在有很多现成的量化交易平台，不但有大量已经整理好的数据，并且可以让小瓦在平台上直接编写策略并进行回测。例如，Quantopian 的开源回测工具 zipline 可以说在业内是无人不知，无人不晓，但 zipline 在本地的配置有点麻烦，而 Quantopian 平台上面的中国股市数据包还需要单独付费。这样一来，小瓦就需要找一找国内的量化交易平台了。

国内的量化平台也有几个比较有名的，如聚宽（JoinQuant）、米筐（RiceQuan）、BigQuant 等。这几个平台对于小瓦目前的水平来说，都是够用的。小瓦要做的无非是挑一个用着比较顺手、文档比较完善、有成熟社区的平台即可。

结合上述几个方面的考虑，我们就让小瓦先从"聚宽"开始，等熟悉之后，要转向其他平台，也是比较容易操作。

要使用"聚宽"平台，只需要浏览器打开网址 http://www.joinquant.com 即可。由于小瓦之前没有注册过"聚宽"的用户，需要单击图 4.1 所示界面中的"立即注册"按钮，来注册一个新用户。

图 4.1　"聚宽"首页的注册入口

单击"立即注册"按钮之后，小瓦根据界面提示填写手机号和密码等信息后，即可以完成注册。过程十分简单，我们这里就不详细讲解了。

4.1.2　量化交易平台的研究环境

注册完成之后，我们就和小瓦一起来熟悉平台的使用方法。"聚宽"平台的功能还是比较多的，包括策略的编写、回测、研究等。我们先从研究环境开始，如图 4.2 所示。

图 4.2　研究环境入口

在图 4.2 中可以看到，平台上方的导航条中有一个"策略研究"按钮，将鼠标指针悬停其上后，会出现一个下拉列表。选择"研究环境"选项，即可进入我们熟悉的 Jupyter Notebook 界面，如图 4.3 所示。

图 4.3　研究环境中的 Jupyter Notebook

这里我们新建一个名为"玩一下"的文件夹，并在该文件夹下新建一个 Python3 的 Notebook 文件。打开这个文件，我们就可以看到如图 4.4 所示的编辑界面了。

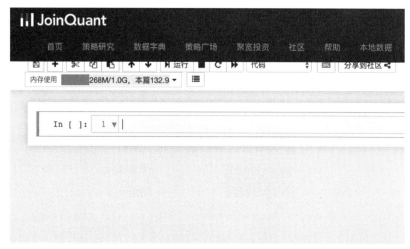

图 4.4　熟悉的 Notebook

4.1.3　在研究环境中运行代码

"聚宽"平台研究环境的用法与小瓦在本地安装的 Jupyter Notebook 一样，而且一些常用的第三方库也已经安装好，还是非常方便的。下面我们就和小瓦一起在研究环境中做一点练习，熟悉相关的函数的使用方法。

例如，要获取某只股票在 2020 年 1 月 1 日至 2020 年 4 月 1 日之间的行情数据，只要使用 get_price 函数即可，输入代码如下：

```
#pandas已经安装好，可以直接导入
import pandas as pd
#使用get_price函数获得某只股票的数据
#start_date和end_date分别为起始日期与结束日期
#frequency是获取数据的周期，daily是日线数据
df = get_price('601318.XSHG',
            start_date = '2020-01-01',
            end_date = '2020-04-01',
            frequency = 'daily')
#检查一下载入情况
df.head()
```

按 Shift+Enter 组合键，可以得到图 4.5 所示的结果。

	open （开盘价）	close （收盘价）	high （最高价）	low （最低价）	volume （成交量）	money （成长额）
2020-01-02	85.90	86.12	86.79	85.88	77825207.0	6.712532e+09
2020-01-03	86.81	86.20	86.88	85.90	59498001.0	5.137312e+09
2020-01-06	85.92	85.60	86.87	85.50	63644804.0	5.487968e+09
2020-01-07	86.01	86.15	86.46	85.67	45218832.0	3.886450e+09
2020-01-08	85.98	85.00	85.98	84.50	62805311.0	5.347387e+09

图 4.5　在研究环境中获取股票行情数据

【结果分析】从图 4.5 中可以看到，我们在"聚宽"平台的研究环境中运行代码的结果与在本地 Jupyter Notebook 中一模一样。使用 get_price 函数，系统返回的结果同样是一个 DataFrame 格式的数据表，同样包括 open、close、high、low 及 volume 这几个字段。与 data_reader 不同的是，"聚宽"的 get_price 函数没有返回 Adj Close 字段，取而代之的是 money 字段。

注意：与 data_reader 不同，在"聚宽"的 get_price 函数中，传入的股票代码是用 .XSHG 扩展名代表上海证券交易所股票，用 .XSHE 扩展名代表深圳证券交易所股票。

4.2　借助财务数据筛选股票

现在，小瓦对平台研究的使用方法已经有了初步的了解。当然，平台对于我们来说，最大的价值之一就是可以提供更多的数据——如果仅仅是查询某只股票的开盘价、收盘价、成交量、成交额这些，那平台也没有比 data_reader 提供的数据多。不过"聚宽"量化交易平台能够提供的看起来远远不止这些。该平台有一个数据字典，如图 4.6 所示。

从图 4.6 中可以看到，"聚宽"平台提供的数据，除了股票的行情、财务、基本面信息之外，还有宏观经济数据、各种因子数据、新闻事件数据等，看起来还是非常全面的。接下来，我们就和小瓦一起看看如何来使用这些数据。

数据字典

股票数据 提供2005年至今沪深A股全面的行情、财务、基本面等数据	**行业概念数据** 包含行业板块、概念板块数据	**指数数据** 包含沪深市场600多只指数以及国际市场指数数据	**宏观经济数据** 包含国内的重要宏观经济数据
期货数据 涵盖中金所、上期所、郑商所和大商所的所有期货合约数据	**期权数据** 提供股票期权和商品期权的合约资料和行情数据	**场内基金数据** 包含ETF、LOF、分级基金、货币基金完整的行情、净值数据	**场外基金数据** 提供场外基金单位净值、复权净值、投资组合等数据
技术分析指标 技术分析指标因子库	**Alpha101因子** WorldQuant LLC 发表论文中给出的 101 个 Alphas 因子	**Alpha191因子** 短周期交易型阿尔法因子	**聚宽因子库** 包含数百个质量、情绪、风险、成长等六大类因子
聚源数据 包含上市公司、基金、期权、资讯等数据	**TuShare数据** 包含新闻事件等数据	**舆情数据** 提供雪球发帖、关注人数、交易次数等热度数据	**JQData** 能在本地调用的全品种量化金融数据

图 4.6 "聚宽"平台的数据字典

4.2.1 获取股票的概况

设想一下，假如某天某人给我们推荐了一只证券的代码，我们首先想到的自然是要了解一下这只证券的概况。例如，它是什么时候上市的，是否已经退市；它是股票还是基金，如果是基金，是哪一种类型的基金；等等。

利用平台获得这些数据十分容易，使用 get_security_info 函数就可以做到。例如，我们想要了解601318这只股票的概况，只需要以下这几行代码就可以了。

```
#使用get_security_info函数可以获取股票概况
info = get_security_info('601318.XSHG')
#返回的对象包含若干属性
#包括股票名称display_name
```

```
print('股票的中文名称: ',info.display_name)
#股票简称name
print('股票简称: ',info.name)
#股票上市日期start_date
print('股票上市日期: ',info.start_date)
#股票退市日期end_date,如未退市则显示2200-01-01
print('股票退市日期: ',info.end_date)
#产品类型type, stock代表股票, etf代表ETF基金, index代表指数等
print('产品类型: ',info.type)
#对于分级基金, parent可查看母基金
print('产品的母基金: ',info.parent)
```

运行代码, 会得到以下结果:

```
股票的中文名称:  中国平安
股票简称:  ZGPA
股票上市日期:  2007-03-01
股票退市日期:  2200-01-01
产品类型:  stock
产品的母基金:  None
```

【结果分析】从以上的代码运行结果可以看到, 使用 get_security_info 函数可以获取证券的基本信息。本例中, 我们传入的参数是股票代码 601318.XSHG, 系统返回给我们股票的中文名称 "中国平安"、简称 "ZGPA"、上市日期 2007 年 3 月 1 日等信息。由于中国平安没有退市, end_date 属性返回的是一个缺省值 2200 年 1 月 1 日。同时, 因为该证券的类型是 stock, 所以没有母基金, parent 属性返回的值是 None。

除了可以获取单个证券的基本信息之外, 我们还可以使用 get_all_securities 函数批量获得证券信息。实例代码如下:

```
#使用get_all_securities可获得全部证券信息
#支持使用切片的方式获得其中部分证券的信息
info_all = get_all_securities()[:5]
#查看获取的信息
info_all
```

运行代码, 可以得到如表 4.1 所示的结果。

表 4.1　批量获取证券的基本信息

股票代码	display_name （中文名称）	Name （简称）	start_date （上市日期）	end_date （退市日期）	Type （证券类型）
000001.XSHE	平安银行	PAYH	1991-04-03	2200-01-01	stock
000002.XSHE	万科 A	WKA	1991-01-29	2200-01-01	stock
000004.XSHE	国农科技	GNKJ	1990-12-01	2200-01-01	stock
000005.XSHE	世纪星源	SJXY	1990-12-10	2200-01-01	stock
000006.XSHE	深振业 A	SZYA	1992-04-27	2200-01-01	stock

【结果分析】从表 4.1 中可以看到，我们使用切片的方式，用 get_all_securities 函数获得了全部股票中前 5 只股票的中文名称、简称、上市日期、退市日期及证券类型。同样，由于这些股票都没有退市，在 end_date 字段返回的是一个缺省值 "2200-01-01"。

注意：**get_all_securities 函数默认获取股票的信息。如果需要获取其他类型的证券信息，则我们需要指定 types 参数，即 get_all_securities(types=['etf'])。**

4.2.2　获取股票的财务数据

在了解了股票的基本概况之后，可能很多读者朋友就会有和小瓦一样的问题——我们该如何知道这只股票是否是优质股呢？这是一个非常好的问题。如果我们要做价值型投资者，那么我们最重要的还是要看某只股票的长期发展趋势；而能够保持良好表现的股票，其对应的企业必然是财务状况良好、盈利能力不错、净资产和现金流状况都比较突出的企业。获取这些数据也十分简单，使用平台的 get_fundamentals 函数就可以了。

与 get_security_info 不同的是，使用 get_fundamantals 函数并不是直接把股票的代码传递到参数中，而是要传入一个 query object。query 的原理也比较容易理解：在数据库中有一个表格，其中包含若干字段，使用 query 可以查询表格中的某个字段，并且可以设置筛选条件。例如，下面我们对代码为 601318 的股票进行查询，输入代码如下：

```
#首先要创建一个query object对象
#获取平台valuation表中代码为601318的股票数据
q = query(valuation).filter(valuation.code=='601318.XSHG')
#把query object对象传入get_fundamentals函数
#并指定日期为2020年4月1日
df = get_fundamentals(q, '2020-04-01')
#查看返回的结果
df
```

运行代码，会得到如表 4.2 所示的结果。

表 4.2　股票的财务数据

pe_ratio（市盈率）	turnover_ratio（换手率）	pb_ratio（市净率）	ps_ratio（市销率）	（字段省略）	circulating_market_cap（流通市值）	pe_ratio_lyr（静态市盈率）
8.4814	0.5141	1.8824	1.0841	…	7509.2031	8.4814

注意：限于篇幅，表 4.2 有所删减。

【结果分析】从表 4.2 中可以看到，系统返回了代码为 601318 的股票财务数据。除了股票代码、上市日期等基础信息之外，股票财务数据还包括一系列的财务指标，如 pe_ratio、turnover_ratio、pb_ratio、ps_ratio、pcf_ratio、pe_ration_lyr 等。

鉴于小瓦没有学习过财务方面的相关知识，我们在这里对各项财务指标做一个简单的解释。如果读者朋友们对这些指标已经有了充分的了解，则可以跳过这部分内容。

- pe_ratio: 动态市盈率，指的是这只股票的市价除以每股收益。例如，某只股票的每股收益是 1 元，而某日的股价是 10 元，则这只股票的动态市盈率就是 10。一般来说，市盈率越低的股票越值得投资。

- turnover_ratio：换手率，指的是这只股票在某个时间内交易的频率。例如，某只股票一共发行了 1 亿股，而某天这只股票的成交量是 1000 万股，则这一天，该股票的换手率是 10%。换手率越高，说明该股票的成交越活跃。

- pb_ratio：市净率，指的是这只股票的价格与每股净资产的比值。例如，某公司净资产 1 亿元，发行股票 1 亿股，也就是说每股净资产为 1 元；而这只股票某日价格为 5 元，则该股票的市净率为 5。一般来说，市净率越低越好。

- ps_ratio：市销率，指的是这只股票的价格与每股销售收入的比值。例如，某公司的销售收入是 2 亿元，发行 1 亿股，每股销售收入为 2 元；而某日这只股票的市价是 8 元，则市销率为 4。一般来说，市销率越低越好。

- pcf_ratio：市现率，指的是这只股票的价格与每股现金流的比值。例如，某公司从事经营活动产生的净现金流是 5 亿元，该公司发行了 1 亿股，每股现金流为 5 元；某日这只股票的价格是 10 元，则市现率是 2。一般来说，市现率大于 0 的时候，数值越小越好。

- pe_ratio_lyr：静态市盈率，指的是这只股票的价格与最近公开的每股收益的比值。它与动态市盈率的区别在于，动态市盈率是股价除以预期的每股收益，而静态市盈率是股价除以已经实现的每股收益。

- capitalization、market_cap、circulating_cap、circulating_market_cap 分别指的是股票的总股本、流通股本、总市值和流通市值。这几个概念都比较基础，我们这里就不一一解释了。

4.2.3 通过财务指标进行选股

相信看到这里，读者朋友们会产生一个新的想法——既然财务指标有助于解一家企业，那么我们是不是可以通过设定这些财务指标的条件，把市场上比较优质的股票找出来呢？答案是肯定的。例如，我们要找出市盈率小于 20 且大于 0、市现率小于 20 且大于 0（有时候现金流比利润还重要）且在市场上成交比较活跃（换手率大于 4%）的股票，就可以使用 query object 进行筛选，并使用平台的 get_fundamentals 函数来找到满足条件的股票。示例代码如下：

```
#创建一个query object
#制定获取的数据为股票代码
q = query(valuation.code,
          #动态市盈率
          valuation.pe_ratio,
          #市现率
          valuation.pcf_ratio,
          #换手率
          valuation.turnover_ratio)\
.filter(
    #筛选条件为市盈率小于20且大于0
    valuation.pe_ratio < 20,
      valuation.pe_ratio > 0,
        #市现率大于0且小于20
      valuation.pcf_ratio > 0,
      valuation.pcf_ratio < 20,
        #换手率大于4%
      valuation.turnover_ratio > 4)\
.order_by(
    #按照换手率降序排列
    valuation.turnover_ratio.desc())
#使用get_fundamentals函数获得数据
portfolio = get_fundamentals(q, date = '2020-04-03')
#检查结果
portfolio.head(30)
```

运行代码，可以得到如表 4.3 所示的结果。

表 4.3　根据市盈率、市现率和换手率三项指标选择的股票

	code （代码）	pe_ratio （市盈率）	pcf_ratio （市现率）	turnover_ratio （换手率）
0	002458.XSHE	8.5327	15.0275	9.7450
1	600387.XSHG	7.7496	4.9772	7.2717
2	300107.XSHE	10.5846	11.8711	5.3762
3	002234.XSHE	5.2662	17.8631	5.1201
4	002839.XSHE	10.9746	14.5165	4.9225
5	000610.XSHE	18.4441	11.9632	4.6329
6	603733.XSHG	19.6847	7.6782	4.3345
7	002869.XSHE	8.8296	6.0086	4.2709

【结果分析】从表 4.3 中可以看到，通过我们设置的选股条件，系统返回符合要求的股票代码和相关指标。例如，第一只股票，代码是 002458，市盈率只有 8.53，市现率也只有 15.03 左右，而换手率高达 9.745%。从这几项指标来看，这只股票算是非常不错的了。另外，代码为 600387 的股票市盈率只有 7.75 左右，市现率更是低至 4.98 左右，换手率也高达 7.27% 左右，从指标上看，我们也是可以考虑将这只股票加入投资组合中的。

注意：此处只是用代码演示如何使用财务指标进行选股，不构成买入建议。读者朋友在进行实盘交易前，务必谨慎观察、思考，并控制好风险，避免造成资金损失。

4.3　谁是幕后"大佬"

我们既然找到了市盈率和市现率都比较低，而且成交也比较活跃的股票，是不是直接全仓杀入就可以了呢？一向谨慎的小瓦这时有了一个新的问题——是不是所有上市公司的财务报表都能够反映其真实财务状况呢？要知道，某些企业也有被曝出财务造假丑闻的呀！更何况，有的公司会"合理地"调整财务报表，使其更加"好看"。那这样一来，这些指标不就靠不住了吗？

此外，虽然换手率确实是体现交易活跃程度的指标，但是成交活跃也不代表股价一定会涨呀！万一是大股东在减持套利，或者是主力在出货，那么股价不是反而会跌嘛！

小瓦的担心确实很有道理。在真金白银买入之前，我们还是有必要了解一下更多信息的，如大股东是谁、大股东近期增减持的状况，以及主力的资金流向等。

4.3.1　找到最大的股东

在 4.2 节中，我们选出了 8 只财务指标看起来不错的股票。尤其是 002458 这一支，换手率达到了 9.745%，这说明其成交十分活跃。索性我们就以这一只股票为例来查询一下它的十大股东都有谁。

在平台上，十大股东的数据是存储在名为 STK_SHAREHOLDER_TOP10 这张表中，使用 query object 就可以进行查询。示例代码如下：

```
#从jqdata导入finance包
from jqdata import finance
#创建一个query object,
#查询STK_SHAREHOLDER_TOP10表中的code字段
q = query(finance.STK_SHAREHOLDER_TOP10.code,
            #shareholder_rank字段
            finance.STK_SHAREHOLDER_TOP10.shareholder_rank,
            #shareholder_name字段
            finance.STK_SHAREHOLDER_TOP10.shareholder_name,
            #shareholder_class字段
            finance.STK_SHAREHOLDER_TOP10.shareholder_class,
            #share_ration字段
            finance.STK_SHAREHOLDER_TOP10.share_ratio)\
#过滤条件是股票代码002458
.filter(finance.STK_SHAREHOLDER_TOP10.code == '002458.XSHE',
            #发布时间晚于2020年1月1日
            finance.STK_SHAREHOLDER_TOP10.pub_date > '2020-01-01')
#执行这个query,返回一个dataframe
shareholders = finance.run_query(q)
#查看返回的结果
shareholders
```

运行代码，会得到如表 4.4 所示的结果。

表 4.4　获取股票的十大股东信息

序号	code （代码）	shareholder_rank （持股排名）	shareholder_name （股东姓名）	shareholder_class （股东类型）	share_ratio （持股比例）
0	002458.XSHE	1	曹××	自然人	41.64
1	002458.XSHE	2	迟××	自然人	3.09
2	002458.XSHE	3	××××结算有限公司	其他机构	1.89
3	002458.XSHE	4	李×	自然人	1.41

序号	code（代码）	shareholder_rank（持股排名）	shareholder_name（股东姓名）	shareholder_class（股东类型）	share_ratio（持股比例）
4	002458.XSHE	5	耿 ××	自然人	1.16
5	002458.XSHE	6	××××× 股份有限公司 - 银华内需精选混合型证券投资基金（LOF）	证券投资基金	1.09
6	002458.XSHE	7	××××× 投资有限公司	风险投资	1.02
7	002458.XSHE	8	柳 ××	自然人	0.96
8	002458.XSHE	9	×××× 股份有限公司 -×××× 双利债券型证券投资基金	证券投资基金	0.88
9	002458.XSHE	10	李 ××	自然人	0.79

【结果分析】从表 4.4 中可以看到，系统返回了 002458 这只股票的十大股东信息。其中，shareholder_rank 字段是股东的持股排名；shareholder_name 字段是股东名称；shareholder_class 字段是股东类型；share_ratio 字段是股东的持股比例。例如，排名第一的大股东，姓名为"曹 ××"，是一位自然人，其持股比例高达 41.64%，想必就是公司的董事长了。

4.3.2　大股东们增持了还是减持了

现在我们"揪"出了该股票的大股东们，接下来就要研究一下他们的行为了。如果大股东对公司未来发展有信心，一般会增持公司的股票，以便在未来获得更高的收益；相反，如果大股东认为短期股价已经见顶，则可能会减持一些股票，将已经获利的部分进行套现。也就是说，如果大股东增持了股票，则股价有可能上涨，反之股份有可能下降。当然，这也不是绝对的——有时候大股东的判断也可能出现失误。

不管怎样，我们还是需要了解一下大股东们的动作，以供参考。为了达到这个目的，可以使用 query object 来查询 STK_SHAREHOLDERS_SHARE_CHANGE 这张表。示例代码如下：

```
#创建一个query object
#查询STK_SHAREHOLDERS_SHARE_CHANGE表的code字段
q = query(finance.STK_SHAREHOLDERS_SHARE_CHANGE.code,
          #pub_date字段
          finance.STK_SHAREHOLDERS_SHARE_CHANGE.pub_date,
          #shareholder_name字段
          finance.STK_SHAREHOLDERS_SHARE_CHANGE.shareholder_name,
          #type字段
          finance.STK_SHAREHOLDERS_SHARE_CHANGE.type,
          #change_number字段
          finance.STK_SHAREHOLDERS_SHARE_CHANGE.change_number,
          #change_ratio字段
          finance.STK_SHAREHOLDERS_SHARE_CHANGE.change_ratio,
          #after_change_ratio字段
          finance.STK_SHAREHOLDERS_SHARE_CHANGE.after_change_ratio)\
#筛选条件是股票代码002458
.filter(finance.STK_SHAREHOLDERS_SHARE_CHANGE.code == '002458.XSHE',
          #且发布日期晚于2019年9月1日
          finance.STK_SHAREHOLDERS_SHARE_CHANGE.pub_date > '2019-09-01')
#执行这个query，返回一个dataframe
shrchg = finance.run_query(q)
#查看返回的结果
shrchg
```

运行代码，会得到如表 4.5 所示的结果。

表 4.5　获取股票的大股东增减持数据

序号	code（代码）	pub_date（公开日期）	shareholder_name（股东姓名）	type（变动类型）	change_number（增减持数量）	change_ratio（变动比例）	after_change_ratio（变动后持股比）
0	002458.XSHE	2019-09-25	耿 ××	1	122000.0	0.021	NaN
1	002458.XSHE	2019-09-25	耿 ××	1	719300.0	0.125	NaN
2	002458.XSHE	2019-09-25	耿 ××	1	10000.0	0.002	NaN
3	002458.XSHE	2019-09-25	纪 ××	1	2100.0	0.000	NaN
4	002458.XSHE	2019-09-25	耿 ××	1	62000.0	0.011	NaN
5	002458.XSHE	2019-09-25	耿 ××	1	234000.0	0.041	NaN
6	002458.XSHE	2019-09-25	耿 ××	0	782600.0	0.136	1.168
7	002458.XSHE	2019-09-25	纪 ××	1	187770.0	0.033	NaN
8	002458.XSHE	2019-09-25	耿 ××	1	782600.0	0.136	NaN
9	002458.XSHE	2020-02-22	赵 ××	0	1000.0	0.000	NaN

【结果分析】从表 4.5 中可以看到，系统返回了 2019 年 9 月 1 日以后公布的该股票的大股东增减持数据。其中，在 type 字段中，0 表示增持，1 表示减持；change_number 字表存储的是增减持的股票数量；change_ratio 字段存储的是持股变动数量占总股本的比例；after_change_ratio 字段存储的是大股东持股数量变化后持股数量占总股本的比例。例如，名为"耿××"这位股东，其增减持比较频繁，其中最引人瞩目的是其先增持了 782600 股，接着减持了等量的股票，这有可能是该股东在某个时间段获利套现了。有意思的是，在我们查询的结果中，增持和减持的大股东都是自然人，那些有专业分析团队的机构却没有什么动作——难道他们认为这只股票未来一段时间内，不会出现较大幅度的波动？或许我们还需要再看一看时效性更高的数据来进行判断。

4.3.3　资金净流入还是净流出

现在我们知道了大股东的增减持情况，但小瓦也发现，其实大股东增减持数据的公布，最后一次也是在 2020 年的 2 月 22 日，那这个数据的时效性是不是就有点低了呢？不要紧，我们还可以获得实效性更高的数据——资金流向数据，以便看到主力的实时动向。

要做到这一点，我们只需要调用平台的 get_money_flow 函数即可，并指定查询的股票代码、日期和要查看的字段。示例代码如下：

```
#从jqdata中导入全部函数
from jqdata import *
#使用get_money_flow函数获取002458的资金流向数据
mf = get_money_flow('002458.XSHE',
                    #截止日期为2020年4月3日
                    end_date = '2020-04-03',
                    #获取字段包括日期
                    fields = ['date',
                            #股票代码
                            'sec_code',
                            #涨跌幅
                            'change_pct',
                            #主力金额，包括超大单和大单
                            'net_amount_main',
                            #主力成交额占总成交额的比例
                            'net_pct_main'],
                    #获取10个交易日的数据
                    count = 10)
#查看结果
mf
```

运行代码，会得到表 4.6 所示的结果。

表 4.6　获取股票的资金流向数据

序号	date（日期）	sec_code（证券代码）	change_pct（变动比例）	net_amount_main（主力资金流入/流出量）	net_pct_main（主力资金流入/流出占比）
0	2020-03-23	002458.XSHE	−9.99	−11561.8543	−17.0788
1	2020-03-24	002458.XSHE	0.53	−4068.5285	−7.1877
2	2020-03-25	002458.XSHE	7.25	1817.5482	2.1306
3	2020-03-26	002458.XSHE	2.36	−2352.3292	−2.5584
4	2020-03-27	002458.XSHE	−0.85	−5059.1633	−8.0721
5	2020-03-30	002458.XSHE	6.96	4476.8310	4.2767
6	2020-03-31	002458.XSHE	8.57	−2550.2537	−1.6243
7	2020-04-01	002458.XSHE	1.00	−2896.5712	−1.7715
8	2020-04-02	002458.XSHE	−1.09	−10572.1955	−9.4150
9	2020-04-03	002458.XSHE	−0.37	−4050.7753	−3.4890

　　【结果分析】从表 4.6 中可以看到，在截至 2020 年 4 月 3 日的 10 个交易日中，主力资金整体呈现出净流出的状态。尤其在 3 月 23 日，主力资金流出超过 1.1 亿元；4 月 2 日这一天，主力资金流出也超过 1 亿元。不过仔细观察，会发现 3 月 25 日这一天，股票上涨了 7.25%，主力资金净流入超过 1817 万元，次日股价上涨了 2.36%；同时，在 3 月 30 日，股价上涨了 6.96%，主力资金净流入超过 4476 万元，次日股价上涨了 8.57%。这是否意味着如果该股某日股价上涨，且主力资金净流入的话，下一个交易日的股价会上涨呢？假如真的存在这个规律，那我们是否可以把这两个数据处理成一个特征（或者说一个因子），并用来预测股价的涨跌呢？

　　不论这个方法是否靠谱，但这确实是因子交易的基本思路——将诸多数据通过计算，整理成不同的因子，并据此制定交易策略。具体的实现方法，我们会在第 5 章中和大家一起研究。

　　注意：在本章中，我们演示了如何使用一些函数来查询平台上的相关数据。在查询某些表时，笔者只选择了其中一些字段。读者朋友如果希望查询不同字段，则可以参考平台的数据字典，了解查询的具体方法。

4.4 小结

在本章,我们主要帮助小瓦解决一个问题——获得更多的数据。为了降低她的学习成本,本章使用了现有的量化交易平台的数据,并且帮助小瓦简单熟悉了一下平台相关函数的使用方法。在这个过程中,小瓦学会了如何获取股票的概况和财务指标数据,也初步了解了如何利用基本的财务指标进行简单的选股,而且能够查询股东信息和股东的增减持情况,以及某个时期内股票的资金流入/流出情况。借着对上述数据的研究,本章也引出了因子分析的基本思路。在后面的章节,我们会和小瓦一起研究因子分析的方法,也欢迎各位读者朋友来一起继续量化交易的探索。

第5章 因子来了——基本原理和用法

在第 4 章中，小瓦学会了使用量化交易平台获取更多的数据，并且通过一些基础的财务指标进行了最简单的选股。在这个过程中，小瓦不仅学会了如何从量化交易平台获取数据，还掌握了一些基础财务知识。而且，小瓦还提出了一个有趣的想法：把股价的涨幅和主力资金的流入/流出这两种数据组合成一个"因子"，用于预测股价次日的涨跌。为什么说这个想法有趣呢？看完本章，相信读者朋友们就会明白了。

本章的主要内容如下。

● 因子分析的基本原理。

● 因子分析的简单方法。

● 因子的作用。

● 如何使用因子选股。

5.1 "瓦氏因子"了解一下

因子投资是时下投资界非常热门的方向。甚至有人戏称因子研究是"诺贝尔奖收割机"：1990 年，哈里·马科维茨凭借"均值—方差分析"获得了诺贝尔经济学奖；同年，威廉·夏普凭借他的"资本资产定价模型"也摘得诺贝尔奖桂冠；到了 2013 年，提出 Fama-French 三因子模型的尤金·法马也获得了诺贝尔经济学奖，同时，Fama-French 三因子模型也被认定为金融领域的重大成就之一。

那么，到底什么是"因子"呢？不妨用小瓦的实验来说明一下。在这个实验中，小瓦计算了一个非常简单，甚至有点儿"幼稚"的因子，但这也能够说明因子分析的基本原理了。为了纪念这一"伟大创举"，我们将这个因子命名为"瓦氏因子"。

5.1.1 获取主力资金流向数据

在第 4 章中，小瓦已经使用 get_money_flow 函数获取了股票的资金流入 / 流出数据，并且发现了一个可能存在的规律——某日该股票价格上涨，且主力资金净流入的话，次日股价可能上涨；否则股价下跌。为了进行实验，这里再次获取股票的资金流入 / 流出数据。为了便于后面训练模型，这次我们把数据的时间范围扩大至 2 年。输入代码如下：

```
f#导入jqdata的所有工具包
from jqdata import *
#使用get_money_flow函数获取
df = get_money_flow('002458.XSHE',
                    fields = ['date',
                             #股票代码
                             'sec_code',
                             #涨跌幅
                             'change_pct',
                             #主力金额，包括超大单和大单
                             'net_amount_main',
                             #主力成交额占总成交额的比例
                             'net_pct_main'],
                    #设置起止日期
                    start_date = '2018-04-09',
                    end_date = '2020-04-08')

#检查是否成功
df.head()
```

运行代码，得到的结果如表 5.1 所示。

表 5.1 使用 get_money_flow 获取股票数据

序号	date （日期）	sec_code （证券代码）	change_pct （涨跌幅）	net_amount_main （主力资金流入/流出净量）	net_pct_main （主力资金流入/流出占比）
0	2018-04-09	002458.XSHE	−0.84	−570.2092	−8.7478
1	2018-04-10	002458.XSHE	−2.55	−360.5189	−4.4665
2	2018-04-11	002458.XSHE	0.44	−601.2525	−6.2953
3	2018-04-12	002458.XSHE	−1.01	168.3327	2.9341
4	2018-04-13	002458.XSHE	−0.73	−81.8302	−1.5589

【结果分析】读者朋友们应该对此处的代码和运行结果不陌生。如果得到了和表 5.1 相同的结果，则说明数据获取成功，可以进行下一步的实验了。

5.1.2　简易特征工程

下面我们给原始的数据增加两个新的字段，其中一个是 up_or_down，用来表示当日股价是上涨还是下跌。如果 change_pct（涨幅）这个字段为正数，说明股价上涨，则 up_or_down 用 1 来表示，反之，用 0 表示，代表当日股价下跌。

类似地，我们用 money_in_out 字段表示主力资金净流入还是净流出。如果 net_amount_main 大于 0，说明主力资金净流入，则在 money_in_out 字段用 1 表示；反之说明主力资金净流出，money_in_out 字段用 0 表示。示例代码如下：

```
#增加一个字段，记录股价上涨还是下跌
#如果股价上涨，则以1标记，否则以0标记
df['up_or_down'] = np.where(df['change_pct']>0,1,0)
#增加一个字段，记录主力资金净流入还是流出
#如果净流入，标记为1，否则标记为0
df['money_in_out'] = np.where(df['net_amount_main']>0,1,0)
#检查是否成功
df.head()
```

运行代码，会得到如表 5.2 所示的结果。

表 5.2　添加两个新字段的数据

序号	date（日期）	sec_code（证券代码）	（字段省略）	net_pct_main（主力资金流入 / 流出比）	up_or_down（股价上涨或下跌）	money_in_out（主力资金流入或流出）
0	2018-04-09	002458.XSHE	…	−8.7478	0	0
1	2018-04-10	002458.XSHE	…	−4.4665	0	0
2	2018-04-11	002458.XSHE	…	−6.2953	1	0
3	2018-04-12	002458.XSHE	…	2.9341	0	1
4	2018-04-13	002458.XSHE	…	−1.5589	0	0

【结果分析】在表 5.2 中可以看到，新的两个字段添加成功。例如，在 2018 年 4 月 11 日，股价上涨，up_or_down 字段中的数值是 1；同时当天主力资金净流出，故 money_in_out 字段中的数值是 0。又如，在 2018 年 4 月 12 日，当日股价下跌，up_or_down 字段中的数值为 0；因为这一天主力资金净流入，所以 money_in_out 字段中的数值为 1。如果读者朋友也得到了类似的结果，说明这个简单的特征工程成功了。

5.1.3 "瓦氏因子"的计算

现在我们有了两个新的特征,能够体现股价的涨跌和主力资金的流入 / 流出情况,下面就可以用这两个新的特征来计算"瓦氏因子"了。咱们先说说思路。如果我们把两个特征相乘,则当股价上涨,且主力资金净流入时,因子值就是 up_or_down 乘以 money_in_out,也就是 1×1,结果是 1;而其他情况,"瓦氏因子"的数值都为 0。例如,股价下跌但主力资金净流入,"瓦氏因子"为 0×1,结果为 0。同时,为了后面便于模型训练,我们还要做一个标签(即次日股票上涨还是下跌),存储在 next_day 字段中。代码如下:

```
#"瓦氏因子"来了,两个自增的字段相乘,得出因子值
df['factor_wa'] = df['up_or_down'] * df['money_in_out']
#把次日涨跌作为预测标签存储到next_day字段
df['next_day'] = df['up_or_down'].shift(-1)
#检查是否成功
df.head()
```

运行代码,可以得到如表 5.3 所示的结果。

表 5.3　添加了"瓦氏因子"和标签的数据

序号	date (日期)	sec_code (证券代码)	(字段省略)	up_or_down (上涨或下跌)	money_in_out (主力资金流入 或流出)	factor_wa "瓦氏因子"	next_day (次日涨跌)
0	2018-04-09	002458.XSHE	…	0	0	0	0.0
1	2018-04-10	002458.XSHE	…	0	0	0	1.0
2	2018-04-11	002458.XSHE	…	1	0	0	0.0
3	2018-04-12	002458.XSHE	…	0	1	0	0.0
4	2018-04-13	002458.XSHE	…	0	0	0	0.0

【结果分析】从表 5.3 中可以看到,"瓦氏因子"的字段 factor_wa 添加成功。例如,2018 年 4 月 10 日,股价下跌,主力资金净流出,"瓦氏因子"的值是 0;2018 年 4 月 11 日,股价上涨,主力资金还是净流出,这一天"瓦氏因子"的值还是 0。再看 next_day 字段:2018 年 4 月 11 日,股价上涨,因此 2018 年 4 月 10 日这一天的 next_day 字段中的数值是 1;2018 年 4 月 12 日,股价下跌,因此 2018 年 4 月 11 日这一天的 next_day 字段中的数值是 0。

如果读者朋友也得到了类似的结果,说明你也成功地计算出了第一个因子值,可以进行下一步的工作了。

5.1.4　用添加"瓦氏因子"的数据训练模型

既然我们已经有了一个"瓦氏因子",不妨来试试在数据集中加入这个因子之后,模型的预测准确率是否能够提高。下面我们就导入机器学习工具,并且准备训练模型用的数据集。输入代码如下:

```
#导入KNN算法
from sklearn.neighbors import KNeighborsClassifier
#导入数据集拆分工具
from sklearn.model_selection import train_test_split
#导入pandas
import pandas as pd
#在数据集中,把日期、股票代码及我们添加的特征去掉
dataset = df.drop(['date',
                   'sec_code',
                   'up_or_down',
                   'money_in_out'],
                  axis=1)

#检查是否成功
dataset.head()
```

运行代码,会得到如表 5.4 所示的结果。

表 5.4　准备用来训练机器学习模型的数据集

序号	change_pct (涨跌幅)	net_amount_main (主力资金流入/流出净量)	net_pct_main (主力资金流入/流出占比)	factor_wa "瓦氏因子"	next_day (次日涨跌)
0	−0.84	−570.2092	−8.7478	0	0.0
1	−2.55	−360.5189	−4.4665	0	1.0
2	0.44	−601.2525	−6.2953	0	0.0
3	−1.01	168.3327	2.9341	0	0.0
4	−0.73	−81.8302	−1.5589	0	0.0

【结果分析】从表 5.4 中能够看到,我们的处理是成功的——与训练模型无关的字段已经去掉,只剩下特征和标签了。

因为最后一天是没有 next_day 数据的(因为对于最后一天来说,下一个交易日还没到来),所以我们要去掉最后一行数据;同时,把除标签以外的特征赋值给 X,把标签赋值给 y;再使用数据集拆分工具,将 X 和 y 分别拆分成训练集和验证集。输入代码如下:

```
#将next_day以外的字段,作为数据集的特征
```

```
X = dataset.drop(['next_day'],axis=1)[:-1]
#将next_day作为数据集的标签
y = dataset['next_day'][:-1]
#将数据集拆分为训练集和验证集
X_train, X_test, y_train, y_test =\
train_test_split(X, y, random_state = 28)
```

为了便于复现，上面的代码指定 random_state 为 28。这样，即使多次运行代码，输出结果也不会不同。下面就可以训练模型，使用的还是小瓦已经比较熟悉的 KNN 分类算法。输入代码如下：

```
#创建KNN分类器，n_neighbors参数依然取95
knn = KNeighborsClassifier(n_neighbors=95)
#使用训练集训练模型
knn.fit(X_train, y_train)
#输出训练集中模型准确率
print(knn.score(X_train, y_train))
#输出验证集中模型准确率
print(knn.score(X_test,y_test))
```

运行代码，会得到以下结果：

```
0.5671232876712329
0.5573770491803278
```

【结果分析】看到这个结果，小瓦还是有点儿开心的，因为在添加了"瓦氏因子"之后，模型的预测准确率有了提高——同样的模型参数，模型在验证集中的准确率从 54.1% 提高到了 55.7%（当然，这样说其实不是很严谨，毕竟小瓦使用的并不是同一只股票的数据，不过这不影响小瓦愉悦的心情）。

5.1.5 "因子"都能干啥

我们还是要给小瓦泼一点儿冷水——虽然她已经初步明白了因子分析的道理，但距离实战还差得很远。要知道，经过这么多年的研究，因子的计算越来越复杂。就拿 WorldQuant 发表的 Alpha #101 来说，Alpha #101 因子的公式是这样的：

```
(rank(Ts_ArgMax(SignedPower(((returns < 0) ? stddev(returns, 20) :
close), 2.), 5)) - 0.5)
```

这样的"天书",别说小瓦这位文科女生看不懂,哪怕很多离开校园很久的理科生看着也有点儿费劲吧。不过没有关系,咱们一步一步来,先从简单的因子开始入手,再慢慢理解复杂的因子。

不管专家们的学术论文写得如何复杂深奥,小瓦只需要明白,因子其实就解决两个问题:一是买谁;二是什么时候买和什么时候卖。解决"买谁"这个问题的因子,一般称为量化选股因子;而解决"什么时候买和什么时候卖"这个问题的因子,一般称为量化择时因子。

也就是说,我们先要通过量化选股因子确定投资标的。一旦确定投资标的之后,我们就要研究买卖的时机了,这个时候就可以使用量化择时因子:找到股票可能上涨的时机,并进行买入;找到股票可能下跌的时机,并进行卖出。在这个过程中,我们可以考虑用的因子就非常多了,如比较传统的动量因子、情绪因子,以及比较"玄学"的 Alpha 101 因子、Alpha191 因子等。下面我们就跟小瓦一起练习一下常见因子的使用方法。

5.2 股票不知道怎么选? 因子来帮忙

下面咱们就来和小瓦一起探讨第一个问题——"买谁"。选股,确实不是件容易事。纵观整个 A 股市场,有数千只股票。光是一眼看过去密密麻麻的数据,就让人头晕眼花,更别说一个一个去分析它们的数据了。不要着急,我们可以一步一步地把范围缩小。

5.2.1 确定股票池

大家可能听说过这样几个名词:"沪深 300""上证 50""中证 100""中证 200""中证 500"等。这些名词代表的是"指数",举例来说明:"沪深 300"指的就是从上海证券交易所和深圳证券交易所挑选出经营状况良好、规模庞大且流动性非常高的 300 只股票组成的指数;而"上证 50"是上海证券交易所中规模较大、流动性较高的 50 只股票组成的指数;"中证 500"则是在沪深两市中,选出市值较高的 800 只股票,再把"沪深 300"中的股票剔除出去,余下的 500 只股票组成的指数。

在所有这些指数中,一般认为"沪深 300""上证 50""中证 500"这 3 个最能体现市场的情况。简单来说,"沪深 300"体现的是"大盘股"的走势,"上证 50"体现的是"超大盘股"的走势情况,而"中证500"体现的是"中小盘股"的整体走势。这3个指数没有"好"和"不好"的区别,只是风格不同。大家可以想象一下,对于市值庞大的"超大盘股"来说,要想让它们暴涨或者暴跌,那难度堪比把大象抛到月球上,需要极大的"动能"才行;而"大盘股"的体量也不小,它们的价格波动幅度也不会太大;"中证500"虽然代表"中小盘股"的走势,但由于 A 股市场经过了这么多年的发展,这些所谓的"中小盘股"的体量也要比创业板、中小板这些板块上的股票大得多,它们的涨跌幅度也只是相对"大盘股"和"超大盘股"来说稍微大一些而已。

结合小瓦的自身情况来看,我们建议她先"稳中求进",不论能不能赚到钱,至少要保证资金的安全——因此选择"沪深300"成分股作为选股的"股票池",并结合量化选股因子,找到其中财务状况最好、发展前景最好的企业的股票,作为未来的投资标的。

5.2.2 获取沪深两市的全部指数

在"聚宽"平台上,我们可以通过 get_all_securities 函数,查询到全部指数的代码、中文名称、简称、起止日期等。输入代码如下:

```
#这里需要导入聚宽因子库的get_factor_values函数
from jqfactor import get_factor_values
#导入pandas
import pandas as pd
#指定get_all_securities的types参数为index
#查询全部指数
indices = get_all_securities(types=['index'])
#查看前十条结果
indices.head(10)
```

运行代码,可以得到如表 5.5 所示的结果。

表 5.5 查询指数信息

指数代码	display_name (中文名称)	name (简称)	start_date (上市日期)	end_date (退市日期)	type (证券类型)
000001.XSHG	上证指数	SZZS	1991-07-15	2200-01-01	index
000002.XSHG	A 股指数	AGZS	1992-02-21	2200-01-01	index
000003.XSHG	B 股指数	BGZS	1992-02-21	2200-01-01	index
000004.XSHG	工业指数	GYZS	1993-05-03	2200-01-01	index
000005.XSHG	商业指数	SYZS	1993-05-03	2200-01-01	index

续表

指数代码	display_name（中文名称）	name（简称）	start_date（上市日期）	end_date（退市日期）	type（证券类型）
000006.XSHG	地产指数	DCZS	1993-05-03	2200-01-01	index
000007.XSHG	公用指数	GYZS	1993-05-03	2200-01-01	index
000008.XSHG	综合指数	ZHZS	1993-05-03	2200-01-01	index
000009.XSHG	上证 380	SZ380	2010-11-29	2200-01-01	index
000010.XSHG	上证 180	SZ180	2002-07-01	2200-01-01	index

【结果分析】从表 5.5 中可以看到，使用 set_all_securities 函数，可以获取全部指数的信息。为了方便展示，我们只选择了其中 10 条。表中的第一列是指数代码，后面分别是指数的中文名称、简称、上市日期、退市日期和证券类型。对于目前仍然存在的指数，退市日期统一用 2200-01-01 表示。当然，如果读者朋友要了解全部指数的代码，在"聚宽"网站上查询即可。

5.2.3 获取股票的市值因子

如前文所说，我们推荐小瓦使用"沪深 300"成分股作为选股的股票池。下面我们就来获取沪深 300 成分股的数据。如果我们想获取这些股票的市值数据，就可以用下面的代码。

```
#导入"聚宽"的因子分析库
from jqfactor import analyze_factor
#使用get_factor_values函数获取"沪深300"成分股的市值
factor_mc=get_factor_values(securities=get_index_stocks('000300.XSHG'),
factors=['market_cap'],end_date='2020-04-10',count=1)['market_cap']
#检查结果
#这里需要用.T将原始的结果进行转置，即把行变成列，把列变成行
factor_mc.T.head()
```

运行代码，会得到如表 5.6 所示的结果。

表 5.6 "沪深 300"成分股的市值数据

code（代码）	2020-04-10 00:00:00（时间点）市值
000001.XSHE	2.482017e+11
000002.XSHE	3.038016e+11

续表

code（代码）	2020-04-10 00:00:00（时间点）市值
000063.XSHE	1.812057e+11
000069.XSHE	5.266009e+10
000100.XSHE	5.966041e+10

注：这里市值使用的是科学记数法，如 2.482017e+11，代表 2.482017×10^{11}。

【**结果分析**】从表 5.6 中可以看到，我们使用 get_factor_values 函数获得了"沪深300"成分股的在 2020 年 4 月 10 日这一天的市值数据，也就是 market_cap。例如，000001 在这一天的市值约为 2482 亿元，算得上一个"庞然大物"了。

5.2.4　获取股票的现金流因子

除了关心股票的整体市值之外，我们还想了解企业的现金流与股价的对比情况，也就是"市现率"这个指标的情况。毕竟经济大环境不好的话，充足的现金流才是保证企业生存发展的前提。因此，我们来获取一下股票市现率的倒数（因为市现率越小越好，因此其倒数越大越好）。输入代码如下：

```
#在get_factor_values中
#指定factors参数为cash_flow_to_price_ratio
#即可获得市现率的倒数
factor_cfp = get_factor_values(securities = get_index_stocks('000300.
XSHG'),
                               factors = ['cash_flow_to_price_ratio'],
                               end_date = '2020-04-10',
                               count = 1)['cash_flow_to_price_ratio']

#检查结果
factor_cfp.T.head(5)
```

运行代码，可以得到如表 5.7 所示的结果。

表 5.7　"沪深 300"成分股的市现率倒数

code（代码）	2020-04-10 00:00:00（时间点）市现率倒数
000001.XSHE	0.069528
000002.XSHE	−0.052434
000063.XSHE	0.040681

code（代码）	2020-04-10 00:00:00（时间点）市现率倒数
000069.XSHE	0.020542
000100.XSHE	−0.135175

【**结果分析**】使用 get_factor_values 函数，只要指定 factors 参数为 cash_flow_to_price_ratio，即可获得股票的市现率倒数，还是以 000001 为例，每股现金流除以股价后，值大约为 0.07，算是一个比较不错的数据了（至少不是负数，这说明该公司的现金流还是处于先进净流入的状态）。

5.2.5　获取股票的净利率因子

既然我们了解了企业的现金流情况，那么接下来我们就要看看这些企业究竟是盈利还是亏损。如果盈利，那么净利润率又是多少呢？相信小瓦也非常想知道答案。我们就继续来查询这些股票的净利润率数据。输入代码如下：

```
#在get_factor_values函数中
#使用net_profit_ratio作为factors参数
#即可查询到企业的净利润率
factor_npr = get_factor_values(securities = get_index_stocks('000300.
XSHG'),
                               factors = ['net_profit_ratio'],
                               end_date = '2020-04-10',
                               count = 1)['net_profit_ratio']

#检查结果
factor_npr.T.head()
```

运行代码，会得到如表 5.8 所示的结果。

表 5.8　"沪深 300"成分股的净利润率

code（代码）	2020-04-10 00:00:00（时间点）的净利润率
000001.XSHE	0.204374
000002.XSHE	0.149857
000063.XSHE	0.063664
000069.XSHE	0.238278
000100.XSHE	0.048813

【结果分析】在表 5.8 中可以看到，我们指定 factors 参数为 net_profit_ratio，即可用 get_factor_values 函数获得上市企业的净利润率。表 5.8 展示的 5 只股票的净利润率均为正数，说明这几家企业都是盈利的状态。其中，000001 的净利润率还是比较不错的，约为 20.43%，而 000069 这只股票的净利润率更是达到了 23.8% 左右，是一个很不错的数据。

5.2.6 获取股票的净利润增长率因子

对企业来说，盈利固然重要，比盈利更重要的是，能够持续不断地创造更多的利润。也就是说，企业需要有良好的成长性。衡量成长性的一个重要指标就是净利润的增长率。下面我们就来获取"沪深 300"成分股的净利润增长率数据。输入代码如下：

```
#在get_factor_values函数中
#使用net_profit_growth_rate作为factors参数
#即可查询到企业的净利润增长率
factor_npgr = get_factor_values(securities = get_index_stocks('000300.
XSHG'),

                                 factors = ['net_profit_growth_rate'],
                                 end_date = '2020-04-10',
                                 count = 1)['net_profit_growth_rate']

#检查结果
factor_npgr.T.head()
```

运行代码，会得到如表 5.9 所示的结果。

表 5.9 "沪深 300"成分股的净利润增长率

code （代码）	2020-04-10 00:00:00（时间点） 净利润增长率
000001.XSHE	0.136071
000002.XSHE	0.118917
000063.XSHE	−1.831254
000069.XSHE	0.290290
000100.XSHE	−0.100232

【结果分析】从表 5.9 中可以看到，当指定 factors 参数为 net_profit_growth_rate 时，使用 get_factor_values 函数即可获取股票的净利润增长率数据。例如，000001 的净利润同比增长了 13.6% 左右；而 000069 的净利润同比增长了 29% 左右，可以说成长势头喜人。

5.3 把诸多因子"打个包"

到此，我们已经有了 4 个因子——市值、市现率倒数、净利润率和净利润增长率。看到这里，读者朋友们可能也会和小瓦问同样的问题：既然有 4 个因子，那我们究竟应该采用哪个指标来进行选股呢？是选择市值更大的？还是现金流更好的？抑或是选择净利润高、净利润增长率高的呢？如果让人来做出选择，这个题目确实有难度。我们不妨让机器帮我们梳理一下答案。

5.3.1 将4个因子存入一个DataFrame

这里的思路是，把 4 个因子进行降维处理，用一个主成分表示 4 个因子，这样我们就可以按照主成分的数值高低来选择股票了。输入代码如下：

```
#新建一个DataFrame，和前面市值数据保持同样的序号
factors = pd.DataFrame(index = factor_mc.T.index)
#在新的DataFrame中创建4个字段
#分别把市值、市现率倒数、净利润率、净利润增长率存储其中
factors['mc'] = factor_mc.T['2020-04-10 00:00:00']
factors['cfp'] = factor_cfp.T['2020-04-10 00:00:00']
factors['npr'] = factor_npr.T['2020-04-10 00:00:00']
factors['npgr'] = factor_npgr.T['2020-04-10 00:00:00']
#检查结果
factors.head()
```

运行代码，可以得到表 5.10 所示的结果。

表 5.10　将 4 个因子放入一个 DataFrame

code （代码）	mc （市值）	cfp （市现率倒数）	npr （净利润）	npgr （净利润增长率）
000001.XSHE	2.482017e+11	0.069528	0.204374	0.136071
000002.XSHE	3.038016e+11	−0.052434	0.149857	0.118917
000063.XSHE	1.812057e+11	0.040681	0.063664	−1.831254
000069.XSHE	5.266009e+10	0.020542	0.238278	0.290290
000100.XSHE	5.966041e+10	−0.135175	0.048813	−0.100232

【结果分析】这一步比较简单，我们所做的事情就是把市值、市现率倒数、净利润率

和净利润增长率存入同一个数据表中。如果读者朋友也得到了相同的结果，就说明代码运行成功，我们可以进行下一步的实验了。

5.3.2 使用PCA提取主成分

下面我们就开始进行主成分分析的过程。说到主成分分析，小瓦第一个想到的就是主成分分析（Principle Component Analysis，PCA）算法。PCA是一种无监督学习算法，在数据科学领域，常用于进行样本特征的降维处理。关于PCA的原理，本书不打算展开详细介绍，只要大家明白，这个算法就是通过方差来确定样本各个特征的重要性，并且给它们分配不同的权重（重要性越高的特征，分配的权重也越高），并根据权重，将高维数据降到低维的过程。如果读者朋友对详细的PCA原理感兴趣，自行在网上进行搜索即可。

为了便于计算，数据中不能有空值，所以要用下面的代码进行处理。

```
#为了计算，先把数据中的空值去掉
factors = factors.dropna()
#检查是否还有空值
factors.isnull().sum()
```

运行代码，会得到以下结果：

```
mc        0
cfp       0
npr       0
npgr      0
dtype: int64
```

【结果分析】从上面的代码运行结果中可以看到，经过去除空值的处理后，样本的4个因子中均没有空值了。

接下来，我们使用PCA来对4个因子进行降维处理。考虑到各个因子的量纲差异比较大，这里我们先进行数据缩放的步骤，再进行主成分分析。输入代码如下：

```
#因为各因子数值的量纲差异较大
#需要做一点简单的缩放处理
from sklearn.preprocessing import StandardScaler
#导入scikit-learn中的PCA工具
from sklearn.decomposition import PCA
```

```
#创建StandardScaler实例，会将数据量纲压缩到同一个区间中
scaler = StandardScaler()
#使用StandardScaler缩放原始的因子值
factors_scl = scaler.fit_transform(factors)
#接下来使用PCA，提取主成分数量指定为1
pca = PCA(n_components = 1)
#使用缩放后的数据进行拟合
pca.fit(factors_scl)
#查看PCA给各因子分配的权重
pca.components_
```

运行代码，会得到如下结果：

```
array([[0.2927607620423006, 0.622986731784146, 0.7238404977631006,
        -0.04726099900960683]])
```

【结果分析】仔细观察代码运行结果（PCA 给 4 个因子分配的权重），我们会发现，PCA 给净利润率分配的权重是最高的，约为 0.72；市现率倒数的权重紧随其后，约为 0.62；市值的权重并不高，只有 0.29 左右；而净利润增长率的权重是 −0.048 左右。小瓦觉得这个结果有一定的合理性——毕竟净利润率高确实代表企业的盈利能力不错，现金流高也说明企业处于比较好的运营状态。

5.3.3　找到主成分数值最高的股票

我们可以让小瓦尝试将 PCA 提取的主成分添加到数据表里，并找到主成分数值最高的几只股票。输入代码如下：

```
#在factors数据表中添加一个pca字段
#存储提取出来的主成分
factors['pca'] = pca.transform(factors_scl)
#看一下主成分数值最高的5只股票
factors.sort_values(by='pca', ascending = False).head()
```

运行代码，会得到如表 5.11 所示的结果。

表 5.11　主成分数值最高的 5 只股票

code （代码）	mc （市值）	cfp （市现率倒数）	npr （净利润）	npgr （净利润增长率）	pca （主成分）
600061.XSHG	5.161325e+10	0.130741	5.238841	0.728255	8.853407
600674.XSHG	4.058774e+10	0.039839	4.122382	0.076717	6.532642
600926.XSHG	4.001556e+10	0.966557	0.309860	0.190424	4.575916
600015.XSHG	9.955534e+10	0.804699	0.260412	0.074748	3.795770
600816.XSHG	1.367284e+10	0.010536	2.551286	–3.542266	3.742949

【结果分析】从表 5.11 可以看到，系统返回了主成分分值最高的 5 只股票。以第一只股票 600061 为例，这只股票的总市值并不算很大，只有 516 亿元左右；每股现金流除以股价的值虽然不高，但仍然是大于 0 的，这说明公司的现金流处于净流入的状态。需要注意的是，其净利润率竟然约为 523.88%！而净利润增长率约为 72.8%。仅从数据上看，这算是很优秀的股票了。

注意：这里展示的只是一个简单的思路。实际上，关于因子选股的思路和方法有很多种。读者朋友们可以发挥自己的聪明才智，通过使用不同的因子与算法，找到最适合自己的投资组合。

5.4　小结

在本章中，我们通过一个简单的因子计算过程，让小瓦理解了因子分析的基本原理，也介绍了因子的作用——帮助我们选股和找到买卖时机。同时，我们从"聚宽"平台获取了"沪深 300"成分股的若干个基本面因子，并且用无监督学习的方法，对多个因子进行了主成分分析。通过主成分的数值高低，我们选出了一些基本面数据看起来不错的股票。到这里，小瓦的量化交易之路还算是比较顺利。在第 6 章中，我们就来进一步研究因子，并掌握因子分析的主要指标和收益情况。读者朋友们也不要放松，让我们一鼓作气向着财富狂奔吧。

第6章 因子好用吗——有些事需要你知道

在第5章中，我们和小瓦一起研究了因子的基本原理，并且用最简单的方法试着计算了一个"瓦氏因子"，后来还用因子尝试进行了选股，所用到的因子包括股票的现金流因子、净利润率因子及净利润增长率因子。本章就来分析一下这些因子的"疗效"如何。

本章的主要内容如下。

- 因子收益分析。
- 因子 IC 分析。
- 因子换手率分析。
- 因子自相关性分析。
- 因子预测能力分析。

6.1 针对投资组合获取因子值

在第5章中，我们用来选股的因子基本是与企业的基本面相关的，这类因子可以归为价值因子；除此之外，常用因子还有动量因子、情绪因子、波动因子、规模因子、质量因子等。这些因子有些可以用来选股，有些可以帮助我们寻找买卖时机。下面我们就以一个情绪因子为例来研究一下与因子有关的评价指标。

6.1.1 建立投资组合并设定日期

这里，我们重复使用第5章中使用的方法，通过不同的量化选股因子，在不同的股票池中选取若干只股票。考虑到小瓦能够用于投资的资金并不多，这里我们只选9只股票。总体来说，这9只股票都是基本面比较不错且成交比较活跃的股票，包括 600519、600009、601688、601166、601628、600196、600855、601899、601318。

下面我们就在新的 Notebook 文件中导入必要的库，并且把上述几只股票存入一个列表，命名为"portfolio"。输入代码如下：

```
#因为是新建的Notebook，所以重新导入get_factor_values
from jqfactor import get_factor_values
#导入平台内置的因子分析函数
from jqfactor import analyze_factor
#导入datetime
import datetime
#通过第5章的思路，选出几只股票，做成列表备用
portfolio = ['600519.XSHG',
             '600009.XSHG',
             '601688.XSHG',
             '601166.XSHG',
             '601628.XSHG',
             '600196.XSHG',
             '600855.XSHG',
             '601899.XSHG',
             '601318.XSHG']
```

为了日后方便，我们不需要每次都输入起止日期，可以使用 Python 中的 datetime 来获取当日的日期，并使用 timedelta 找到若干天以前的日期（这里选择的是 500 天，读者也可以根据自己的爱好来改变这个数字），并分别将若干天以前的日期作为起始日期，将当前日期作为截止日期。输入代码如下：

```
#使用datetime获取当日的日期
today = datetime.date.today()
#把日期的格式转换为需要传入参数的格式
#作为截止日期
end_date = '%s-%s-%s'%(today.year, today.month, today.day)
#使用timedelta找到500天前的日期
start_date = today - datetime.timedelta(days = 500)
#检查是否成功
print(start_date, end_date)
```

运行代码，会得到以下结果：

```
2018-12-08 2020-4-21
```

【结果分析】从代码运行结果中可以看到，使用 datetime 和 timedelta 的组合，获取到 start_date 为 2018 年 12 月 8 日，end_date 为 2020 年 4 月 21 日（本书写作的日期）。这两个变量将会对参数进行传入。

注意：此处选出的投资组合中的股票，是以本章写作的时间节点获取的因子数据得出的结果。当读者朋友看到本书时，有些数据可能已经发生变化。因此，这里提醒大家千万不要直接照抄本节中的股票代码，一定要经过自己的思考和实验，筛选出适合自己的投资组合。

6.1.2　获取一个情绪因子

在确定了投资组合和时间范围之后，我们就可以来找一个因子进行实验。这里我们选择的因子是成交量的 5 日指数移动平均（VEMA5）。这个因子非常易于理解，就是股票成交量在过去 5 个交易日中的移动平均值。我们使用 get_factor_values 函数可获得这个因子的数据。输入代码如下：

```
#使用get_factor_values获取股票成交量的5日指数移动平均
#股票池参数设置为我们选出的股票
#因子参数设置为VEMA5，即平台提供的成交量的5日指数移动平均
#起止日期设置为我们计算好的起止日期
factor_vema5 = get_factor_values(securities = portfolio,
                                 factors = ['VEMA5'],
                                 start_date = start_date,
                                 end_date = end_date,
                                 )['VEMA5']
```

运行代码，即可完成因子数据的加载。接下来我们使用因子分析工具 analyze_factor 对 VEMA5 因子进行分析。输入代码如下：

```
#使用analyze_factor函数进行因子分析
#weight_method参数设置为使用市值mktcap来加权计算分位数
#universe参数设为我们选好的股票池
#分位数quantiles设为5（默认值）
#计算收益的周期periods参数分别为1天、5天和10天
far = analyze_factor(factor=factor_vema5,
                     start_date= start_date,
                     end_date= end_date,
                     weight_method='mktcap',
                     universe = portfolio,
                     quantiles=5,
```

```
                  periods=(1,5,10))
#查看因子值5个分位对应的3个周期的收益
far.mean_return_std_by_quantile
```

运行代码，会得到如表 6.1 所示的结果。

表 6.1　查看因子值不同分位对应的各周期收益

factor_quantile （因子分位）	period_1 （1 天周期）	period_5 （5 天周期）	period_10 （10 天周期）
1	0.000766	0.000331	0.000227
2	0.000865	0.000359	0.000271
3	0.001277	0.000533	0.000401
4	0.000677	0.000307	0.000210
5	0.000933	0.000432	0.000303

【结果分析】从表 6.1 中可以看到，程序返回了因子不同分位对应的不同周期的加权平均收益。在上面的代码中，我们设置的分位数量为 5 个，因此程序返回的是 5 个分位的收益情况。举例来说，假如我们买入 VEMA5 因子值在第 1 分位的股票，则 1 天周期的加权平均收益是 0.000766，而 5 天周期的加权平均收益是 0.000331，同时，10 天周期的加权平均收益是 0.000227。第 2 ～ 5 分位的意思是相同的，这里不一一展开介绍了。

6.1.3　获取全部的因子分析结果

除了简单了解各分位因子值对应的加权平均收益之外，我们也可以对因子进行更加全面的了解。create_full_tear_sheet 方法可以以图表的形式，直观地展示因子的收益、因子的信息系数（Information Coefficient，IC）、换手率等。使用下面的代码，即可获得全部的因子分析结果。

```
#使用create_full_tear_sheet来获取全部的因子分析结果
#这里demeaned参数设置为False，即不使用超额收益来进行计算
#group_adjust设置为False，即不使用行业中性化来计算收益
#by_group设置为False，即不按照行业展示
#turnover_periods是调仓周期，这里设置为None
#avgretplot参数设置的是因子预测的天数
#（5，15）是指向前预测5天，向后预测15天
#std_bar参数用于设置是否显示标准差，这里我们设置为False
far.create_full_tear_sheet(demeaned=False,
```

```
group_adjust=False,
by_group=False,
turnover_periods=None,
avgretplot=(5, 15),
std_bar=False)
```

运行代码，输出结果包括因子值的分位数统计、收益分析、IC 分析、换手率分析等，如图 6.1 所示。

factor-quantile	min	max	mean	std	count	count %
1	2.673041e+05	5.462997e+06	1.164561e+06	9.191613e+05	662	22.222222
2	1.008068e+06	1.756855e+07	4.413517e+06	2.861111e+06	662	22.222222
3	2.648931e+06	3.020917e+07	1.219260e+07	4.639523e+06	331	11.111111
4	6.868017e+06	5.460606e+07	2.350035e+07	9.291225e+06	662	22.222222
5	1.690484e+07	2.954431e+08	8.363240e+07	4.213471e+07	662	22.222222

图 6.1　获取全部因子分析结果

【结果分析】由于这里的输出结果过长，以至于 Notebook 进行了折叠显示。在下面的几个小节中，我们将针对这些分析结果进行研究和探讨。

6.2　因子收益分析

对于这些因子分析结果，小瓦最想知道的就是，"如果我使用这些因子来进行投资，那么我到底能赚多少钱呢？"当然，估计很多读者朋友也非常关心这个问题。这里我们就针对因子收益来进行分析。在因子收益分析中，我们主要针对各分位数的平均收益、累计收益及多空组合收益来进行研究。

6.2.1　因子各分位统计

我们先来看一下因子在各分位的分布情况。在使用 create_full_tear_sheet 方法获取到因子分析结果之后，我们会看到因子分位数统计，如表 6.2 所示。

表 6.2　因子分位数统计

factor_quantile（因子分位）	min（最小值）	max（最大值）	mean（均值）	std（标准差）	Count（数量）	count（占比）/%
1	2.673041e+05	5.462997e+06	1.162586e+06	9.165940e+05	660	22.222222
2	1.008068e+06	1.756855e+07	4.402430e+06	2.852272e+06	660	22.222222
3	2.648931e+06	3.020917e+07	1.218965e+07	4.646259e+06	330	11.111111
4	6.868017e+06	5.460606e+07	2.347702e+07	9.287738e+06	660	22.222222
5	1.690484e+07	2.954431e+08	8.365501e+07	4.214906e+07	660	22.222222

　　【结果分析】在表 6.2 中可以看到，在 factor_quantile 为 1 这一行，也就是因子值最小分位中，因子的最小值约为 26.7 万，最大值约为 546.3 万，平均值约为 116.3 万，标准差约为 91.7 万；同样，在 factor_quantile 为 5 这一行，也就是因子值最大分位中，因子的最小值约为 1690.5 万，最大值约为 2.95 亿，平均值约为 8365.5 万，标准差约为 4214.9 万。其他几个分位的查看方式也是相同的。通过查看分位数的情况，我们可以大致了解自己投资组合中的股票处在哪一个因子值的分位中。

　　注意：这里有 5 个分位，是因为我们在使用 analyze_factor 函数时，指定了 quantiles 参数为 5。如果读者朋友们希望获得更多因子的分位统计信息，则可自行将 quantiles 参数的数值设置得大一些。

　　接下来，我们来看因子的收益分析，如表 6.3 所示。

表 6.3　因子收益分析

返　回　结　果	period_1（1 天周期）	period_5（5 天周期）	period_10（10 天周期）
Ann. alpha（年化 alpha）	−0.073	−0.079	−0.093
Beta	0.908	1.014	1.026
Mean Period Wise Return Top Quantile（最高分位的平均期内收益）/ bps	5.524	5.615	6.019
Mean Period Wise Return Bottom Quantile（最低分位的平均期内收益）/ bps	23.605	23.215	23.293
Mean Period Wise Spread（最高分位平均收益与最低分位平均收益的差）/ bps	−18.080	−18.198	−18.155

　　注：bps（basis point，基点）是债券和票据利率改变量的度量单位。

【结果分析】从表 6.3 中可以看到，程序返回的结果包括因子的年化 alpha、Beta、最高分位的平均期内收益、最低分位的平均期内收益，以及最高分位平均收益与最低分位平均收益的差。有趣的是，该因子的年化 alpha 在 1 天周期、5 天周期和 10 天周期中都是负数，同时，最高分位的平均期内收益要低于最低分位的平均期内收益。也就是说，这个因子的数值越小，收益反而越高。

这个现象在图 6.2 中也得到了验证。

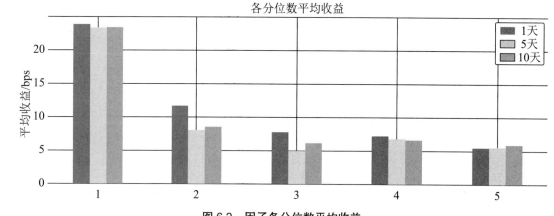

图 6.2　因子各分位数平均收益

【结果分析】图 6.2 也是 create_full_tear_sheet 方法运行结果的一部分。从图 6.2 中可以看到，因子值处在第一分位的投资组合，不管是 1 天周期、5 天周期，还是 10 天周期，其平均收益都明显高于另外几个分位。通过这种情况，我们可以知道，在最近这段时间范围内，5 天平均成交量越低的股票，能够带来的收益越高。也就是说，我们需要关注选出的股票中，VEMA5 因子数值最低的那些。

6.2.2　因子加权多空组合累计收益

除了能够查看因子各分位的平均收益外，我们还可以查看因子值加权的多空组合累计收益。简单来说，在选定的时间范围中，根据因子值的变化对投资组合中的股票同时进行做多和做空的操作，所实现的总收益如图 6.3 所示。

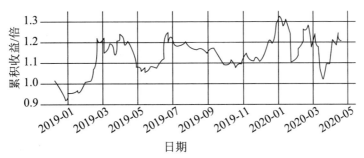

图 6.3　因子加权多空组合累计收益（1 天平均）

【结果分析】从图 6.3 中可以看到，使用因子加权多空组合的方式来进行操作，累计收益的波动还是比较大的。虽然在 2020 年 1 月，累计收益超过了 30%，但与我们期待的收益相比，还是有比较大的差距；同时，在某些时间范围内，累计收益的缩水非常严重。这说明，基于 VEMA5 因子来进行多空组合的操作，收益情况并不理想。

除了可以看到 1 天平均多空组合累计收益之外，我们还可以查看 5 天平均多空组合累计收益和 10 天平均多空组合累计收益，如图 6.4 所示。

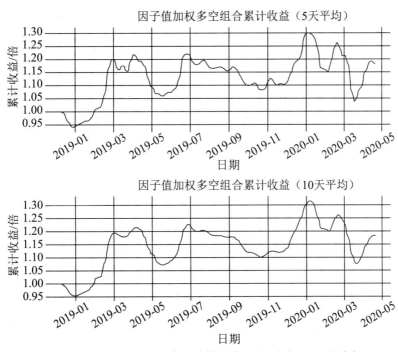

图 6.4　因子加权多空组合累计收益（5 天平均和 10 天平均）

【结果分析】在图 6.4 中，5 天平均多空组合累计收益和 10 天平均多空组合累计收益的曲线，相对 1 天平均多空组合累计收益的曲线来说，都要更加平滑一些，但整体的走势是保持一致的。这里就不展开描述了。

6.2.3 做多最大分位做空最小分位收益

实际上，对于小瓦来说，理解前面的内容有点儿困难。我们用更简单的方式来帮助她理解：如果我们做多 VEMA5 因子值处在最大分位的股票，同时做空 VEMA5 因子值处在最小分位的股票，收益会怎样呢？如图 6.5 所示。

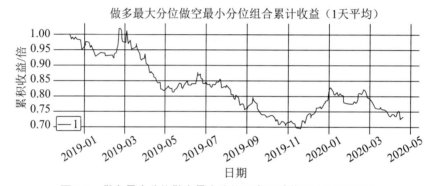

图 6.5 做多最大分位做空最小分位组合累计收益（1 天平均）

【结果分析】从图 6.5 中可以看到，如果我们做多 VEMA5 因子 5 分位的股票，同时做空 VEMA5 因子 1 分位的股票，可以说是赔得一塌糊涂。累计收益的曲线一路下行，直接导致亏损 30% 左右。

同样地，5 天和 10 天的平均累计收益也呈现出类似的情况，如图 6.6 所示。

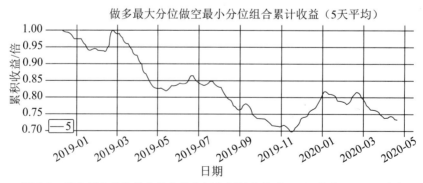

图 6.6 做多最大分位做空最小分位组合累计收益（5 天平均和 10 天平均）

图 6.6 （续）

【结果分析】从图 6.6 中可以看到，与 1 天平均的累计收益情况类似，做多 5 分位做空 1 分位的累计收益情况十分糟糕。那这是否说明 VEMA5 因子是完全没用的呢？恰恰相反，实际上，只要我们反过来操作——做多最小分位，做空最大分位，就可以实现盈利了。

6.2.4　分位数累计收益对比

下面来看一下 VEMA5 因子在各分位的累计收益情况，如图 6.7 所示。

图 6.7　各分位数 1 天的 Forward Return 累计收益

【结果分析】同前面的分析结果一致，VEMA5 因子 1 分位股票的回报率是最高的，且遥遥领先于其他分位股票的回报率；5 分位股票的累计收益是最低的，而 2、3、4 分位股票的累计收益比较接近。通过这个现象，我们可以大胆推测，在过去一段时间当中，某些股票的 5 日平均成交量降到一定程度后，会有比较高的涨幅。

同样，程序也会返回各分位数 5 天平均累计收益和 10 天平均累计收益，如图 6.8 所示。

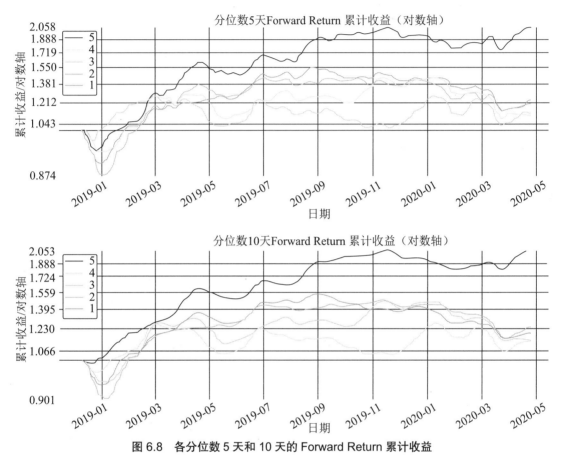

图 6.8　各分位数 5 天和 10 天的 Forward Return 累计收益

【结果分析】与 1 天平均累计收益的情况相仿，各分位的 5 天平均累计收益和 10 天平均累计收益也呈现出类似的趋势，这里不再进行详细讲解了。

6.3　因子 IC 分析

在前文中，我们提到了因子的 IC（信息系数）。现在我们来解释一下这个术语：某个因子的数值与投资收益的相关系数。用小瓦可以听懂的话来说，就是如果你买入一个 A 因子很高的股票，这只股票带给你的收益也很高，则说明 A 因子的 IC 很高；反之，如果你买入一个 B 因子很低的股票，但这只股票带给你的收益反而很高，则说明 B 因子的 IC 很低（是个负数）。因子的 IC 为 –1 ~ +1。不论正负，只要 IC 的绝对值比较大，就说明该因子的预测能力还是比较强的，也就是比较可信的。

下面我们就以 VEMA5 因子为例来进行因子的 IC 分析。

6.3.1 因子IC分析概况

create_full_tear_sheet 返回的分析结果包括了因子 IC 分析的结果。我们来看一下 VEMA5 因子整体的 IC 分析，如表 6.4 所示。

表 6.4 VEMA5 因子的 IC 分析概况

返回结果	period_1（1 天周期）	period_5（5 天周期）	period_10（10 天周期）
IC Mean（IC 均值）	–0.023	–0.083	–0.122
IC Std.（IC 标准差）	0.398	0.420	0.427
IR（信息比率）	–0.059	–0.198	–0.286
t-stat(IC)（t 检验值）	–1.068	–3.597	–5.197
p-value(IC)（*P* 值）	0.286	0.000	0.000
IC Skew（IC 偏度）	0.085	0.174	0.277
IC Kurtosis（IC 峰度）	–0.574	–0.804	–0.766

【结果说明】现在我们对表 6.4 中的 IC Mean 指标进行说明，IC Mean 是因子 IC 在不同周期的均值。可以看到，VEMA5 因子在 1 天周期中的 IC 均值是 –0.023，在 5 天周期中的 IC 均值是 –0.083，在 10 天周期的 IC 均值是 –0.122。从这个数据来看，VEMA5 还是具备一定的预测能力的，只不过因为其是负值，所以需要"反向操作"——因子值低的做多，因子值高的做空。后面的这些指标暂时还不需要让小瓦了解，这里先不展开详细说明。

6.3.2 因子IC时间序列图

下面我们来通过图像看一看 VEMA5 因子的 IC 分析情况，如图 6.9 所示。该图像也包含在 create_full_tear_sheet 的运行结果中。

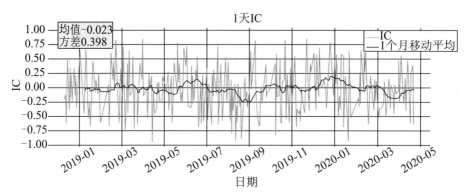

图 6.9　1 天的 VEMA5 因子 IC 值的时间序列图

【结果分析】从图 6.9 中可以看到，在选定的时间范围内，VEMA5 因子的 IC 大部分时间处于小于 0 的状态，但也有部分时间是处于大于 0 的状态。这说明，因子的预测"风格"是会在不同时期有所转变的，我们的操作策略也需要根据这种风格有所转变：当因子 IC 小于 0 时，做多低分位，做空高分位；当因子 IC 大于 0 时，做空低分位，做多高分位。

同样，程序也返回了 5 天 IC 和 10 天 IC 的时序图，如图 6.10 所示。

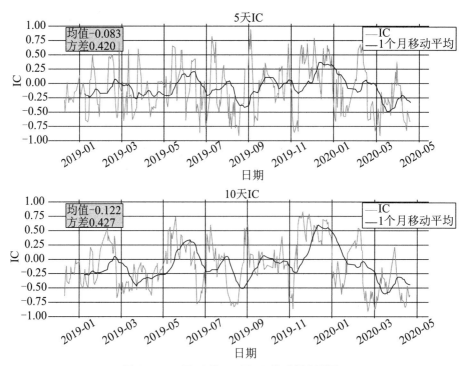

图 6.10　5 天 IC 和 10 天 IC 的时间序列图

【结果分析】从图 6.10 中可以看到，VEMA5 因子 5 天 IC 和 10 天 IC 同样是在大部分时间中处于负值的状态，尤其 10 天 IC 更为明显。可以说，VEMA5 因子 10 天 IC 的预测能力要更强一些。

6.3.3　因子IC正态分布Q-Q图和月度均值

create_full_tear_sheet 还会返回因子的 IC 正态分布 Q-Q 图和月度均值图。这里我们也简单来研究一下这两个图的含义。先是正态分布 Q-Q 图，如图 6.11 所示。

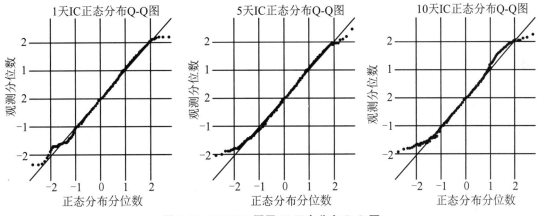

图 6.11　VEMA5 因子 IC 正态分布 Q-Q 图

【结果分析】这里要说明一下什么是 Q-Q 图。Q-Q 图中的两个 Q，是 Quantile 的首字母。Q-Q 图用于判断一组样本是否符合正态分布。如果样本在图像中十分接近 $y=x$ 这条直线，就说明样本符合正态分布，否则会出现左偏或者右偏的情况。对于因子的 IC 来说，我们自然希望它比较符合正态分布的情况，这样才具备比较不错的预测能力。某个因子的 IC 均值看起来很高，但是出现了非常高的偏度，那么其依然不能够用来帮助我们做投资决策。再来看图 6.10，VEMA5 因子的 IC 在 1 天、5 天和 10 天中都比较接近正态分布的情况，这说明 VEMA5 因子是具备一定的预测能力的。

接下来看一下 VEMA5 因子的月度均值情况，如图 6.12 所示。

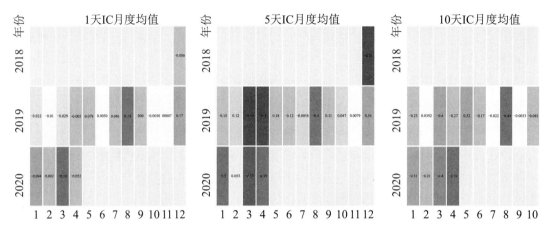

图 6.12　VEMA5 因子的月度均值

【结果分析】我们知道，因子的 IC 绝对值越高，说明它的预测能力越好。然而，IC 不是一成不变的。因此，我们希望知道，在哪些时间段中，因子的 IC 绝对值最高。我们只要查看 create_full_tear_sheet 返回结果中的因子 IC 月度均值图即可达到这个目的。图 6.11 展示的就是 VEMA5 因子的月度均值。其中，颜色越深的部分代表 IC 在当月的均值绝对值越高。例如，在 2020 年的 4 月，10 天 IC 月度均值为 –0.59，绝对值超过了 0.5。这说明在这个月中，VEMA5 因子的预测能力是非常强的。

6.4　因子换手率、因子自相关性和因子预测能力分析

看到这里，小瓦又提出一个问题：既然我们知道因子的预测能力在一年当中哪个月份最强，那就在那个月初找到因子值最高或者最低的股票买入，等到月底的时候卖出不就可以了？这显然是不可行的，因为股票的因子值经常发生变化，或许之前在因子值在 1 分位的股票，明天同样的因子值就到了 5 分位，这时候就要进行调仓。在因子值的不同分位，对应持仓股票的变化情况，就是因子换手率。因子换手率主要体现的是该因子的稳定性——换手率越低，因子在时间序列层面的持续性越好。

此外，我们还可以对因子进行自相关性分析。简单来说，如果某股票前一天的某因子值很高，而今天的因子值很低，则在这两天的时间范围内，因子的自相关性就很低；如果

前一天的因子值很高，而今天的因子值也很高，则在这两天的时间范围内，因子的自相关性就很高。

下面我们仍然用 VEMA5 因子为例，具体来看看相关的分析情况。

6.4.1　因子换手率分析

create_full_tear_sheet 返回的结果包含了一个表格，显示了 VEMA5 因子各分位的换手率，如表 6.5 所示。

表 6.5　VEMA5 因子换手率分析

换 手 率	period_1 （1 日周期）	period_10 （10 日周期）	period_5 （5 日周期）
Quantile 1 Mean Turnover （1 分位平均换手率）	0.029	0.097	0.078
Quantile 2 Mean Turnover （2 分位平均换手率）	0.064	0.176	0.137
Quantile 3 Mean Turnover （3 分位平均换手率）	0.124	0.340	0.267
Quantile 4 Mean Turnover （4 分位平均换手率）	0.035	0.156	0.112
Quantile 5 Mean Turnover （5 分位平均换手率）	0.005	0.014	0.008

【结果分析】从表 6.5 中可以看到，VEMA5 因子 1 分位 1 天的换手率是 2.9%，5 天的换手率是 7.8%，10 天的换手率是 9.7%；5 分位 1 天的换手率是 0.5%，5 天的换手率是 0.8%，10 天的换手率是 1.4%。总体来说，不论是最低分位还是最高分位，换手率都处在一个比较低的水平。有趣的是，因子值 3 分位的换手率倒是高了不少，在 1 天周期中就达到了 12.4%，在 10 天周期中更是达到了 34%。这说明成交量 5 日平均处于中等水平的股票，其调仓换股的次数要更高一些。

下面以图像的方式直观地进行观察，如图 6.13 所示。

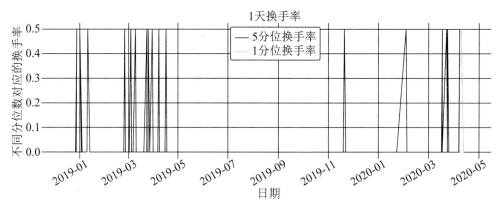

图 6.13　VEMA5 因子 1 分位和 5 分位的 1 天换手率

【**结果分析**】从图 6.13 中可以看到，在我们选定的投资组合中，VEMA5 因子的 1 分位和 5 分位的换手率都不是很高。尤其是 5 分位，只在 2020 年 4 月才出现了 50% 左右的换手；而 1 分位换手率相较 5 分位换手率要稍微高一些，但在 2019 年 5 月到 2019 年底这段时间中，也几乎没有出现换手的情况。这样看起来，VEMA5 因子的稳定性还是比较高的。

同样地，读者朋友们也可以观察到 5 天换手率和 10 天换手的情况——与 1 天换手率比较类似，也呈现出比较稳定的状态。

6.4.2　因子自相关性分析

create_full_tear_sheet 反馈的结果也包含了因子自相关性的分析，如 VEMA5 因子滞后 1 天的自相关性，如图 6.14 所示。

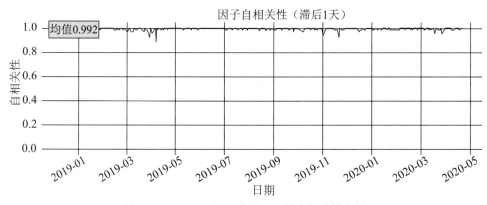

图 6.14　VEMA5 因子滞后 1 天的自相关性分析

【**结果分析**】观察图 6.14 不难发现，在我们选定的投资组合中，VEMA5 因子的自相关性是比较高的——整体的自相关系数在 1 左右，只有在为数不多的时间里，下降到 0.9 以下，均值为 0.992。这说明，在选定的投资组合中，成交量基本保持了比较稳定的状态，这也印证了 VEMA5 因子确实是比较稳定的。

在图 6.15 中，我们可以看到 VEMA5 因子滞后 5 天和 10 天的自相关性分析。

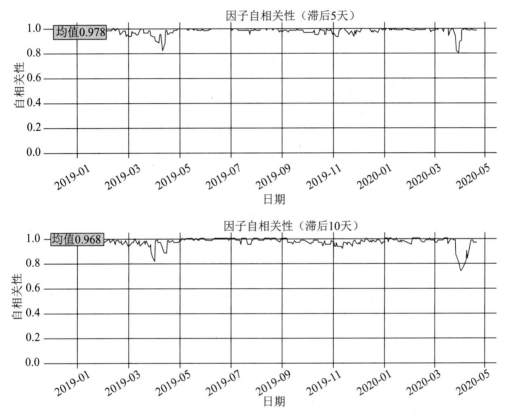

图 6.15　VEMA5 因子滞后 5 天和 10 天的自相关性分析

【**结果分析**】从图 6.15 中可以看到，VEMA5 滞后 5 天和 10 天的自相关系数比滞后 1 天的自相关系数稍有降低。滞后 5 天的自相关系数降至 0.978，滞后 10 天的自相关系数降至 0.969。总体来说，自相关系数还是处于比较高的水平。也就是说，在我们选定的投资组合中，VEMA5 因子在较短的时间内不会发生太大的变化。

6.4.3　因子预测能力分析

　　说了这么多，其实我们都是在解决一个问题，那就是因子预测能力如何，且这种预测能力可以持续多久。create_full_tear_sheet 也非常"贴心"地返回了一个因子预测能力分析的结果，如图 6.16 所示。

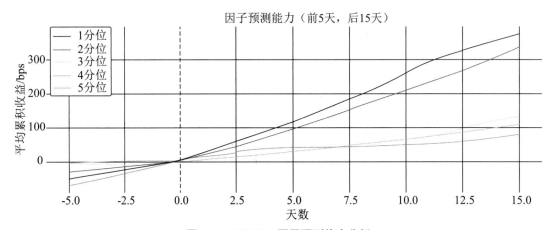

图 6.16　VEMA5 因子预测能力分析

　　【结果分析】图 6.16 非常直观地展示了 VEMA5 因子的预测能力，而这种能力体现为平均累计收益。在图 6.16 中，虚线的位置就是开始使用因子对投资组合买入的日期，而在之前的 5 天中，由于没有买入，假设某只股票上涨了 100 元，但我们没有赚到这本该属于我们的 100 元。如果以持有该股票为基准的话，我们的收益就是 -100 元。假设某个分位的股票涨得越多，我们的"损失"也就越大。从图 6.16 中可以看到，在前 5 天中，VEMA5 因子 3 分位的股票带来的平均累计收益是最大的，而 5 分位的股票带来的平均累计收益最小；但在后 15 天中，情况发生了变化，1 分位的股票带来了最大的平均累计收益，3 分位的股票反而同 5 分位的股票带来了较低的平均累计收益。从这个结果来看，VEMA5 因子的预测能力尚可。假如我们坚持做多 1 分位，那么即便市场风向有所转变，总体来说市场还是会带来正向收益的。

　　注意：在本章中，为了系统地演示因子分析法，我们使用了 **create_full_tear_sheet** 方法一口气把所有的结果都进行了返回。如果读者朋友们希望只返回部分结果，则也可以使用单独的语句来获得自己想要的部分，详情可以查询"聚宽"平台的官方文档。

6.5 小结

在本章中，我们主要研究了如何使用因子进行分析。以 VEMA5 因子为例，我们先对因子的各分位进行了统计，并测试了针对因子不同分位分别做多和做空的收益对比情况；同时，我们还了解了因子 IC 分析的概念，查看了在选定时间范围内的因子 IC 时序图和正态分布 Q-Q 图，以及 IC 的月度均值图。此外，我们还通过换手率和自相关性，测试了因子的稳定性。最后，为了验证因子分析法的"疗效"，小瓦使用这个方法进行了实盘交易，并获得了一点小小的收益。在下一章中，我们就将因子分析与机器学习进行结合，看是否可以将收益进一步提高！

第7章 当因子遇上线性模型

在第 6 章中，我们和小瓦一起了解了因子的评价方法——以 VEMA5 因子为例，使用因子分析工具，对其收益情况、IC（信息系数）、因子换手率、预测能力等进行了评估。本章继续深入学习，把因子分析与机器学习算法中的线性模型进行结合，看一看会有怎样的效果。

本章的主要内容如下。

- 线性模型的简单原理与使用方法。
- 线性回归与岭回归的差别。
- 股票财务因子的获取与处理。
- 使用因子数据训练线性模型并选股。
- 基于模型制定交易策略。
- 对策略进行回测。

7.1 什么是线性模型

在第 3 章中，我们和小瓦一起学习了机器学习经典算法——KNN 算法及其在量化交易当中的使用方法。本章我们要和小瓦一起来了解另一种在机器学习领域中非常常用的算法——线性模型。需要说明的是，线性模型不是某一个算法，而是一类算法的统称。它包括基本的线性回归、岭回归、套索回归，以及用于分类任务的逻辑回归等。这里我们先用一个小节的篇幅，让小瓦了解一下线性模型的基本概念。已经了解线性模型概念的读者，可以跳过这一小节，直接阅读后面的内容。

7.1.1 准备用于演示的数据

为了直观地展示线性模型的原理，我们还是用一个简单的数据集来做一个实验。scikit-learn 内置了用来生成实验数据集的工具——make_regression

和 make_classificasion。从名字就可以看出，这两个工具当中，前者用来生成回归任务数据集，后者用来生成分类任务数据集。鉴于要让小瓦了解线性回归的原理，就先使用 make_regression 来生成数据集。这里我们还是先导入必要的工具。输入代码如下：

```python
#首先导入线性回归模型
from sklearn.linear_model import LinearRegression
#导入数据集拆分工具
from sklearn.model_selection import train_test_split
#为了演示，我们使用scikit-learn内置的数据集生成工具
from sklearn.datasets import make_regression
#导入numpy和pandas
import numpy as np
import pandas as pd
#导入画图工具
import matplotlib.pyplot as plt
import seaborn as sns
```

在导入必要的工具之后，我们就可以生成一些用来演示原理的数据了。输入代码如下：

```python
#首先我们使用make_regression生成50个样本
X, y = make_regression(n_samples = 50,
                        #为了方便画图，设置特征数量为1
                        n_features = 1,
                        #加大噪声，这里设置为40
                        #读者朋友可以自己调节参数来观察区别
                        noise = 40,
                        #指定随机状态便于复现
                        #这个数字可以随意设置
                        random_state = 88)
#使用matplotlib绘制散点图
plt.scatter(X,y,
            #设置散点的尺寸为70
            s = 70,
            #设置散点的颜色为green
            c = 'g',
            #为了便于观察，设置边缘的颜色为black
            edgecolor = 'k',
            #降低透明度，只是为了美观
            alpha = 0.6)
#添加网格
plt.grid()
#显示图像
plt.show()
```

运行代码，可以得到如图 7.1 所示的结果。

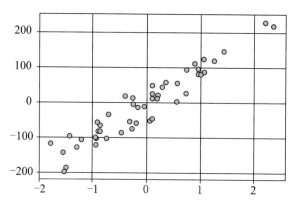

图 7.1　使用 make_regression 生成的样本

【结果分析】如果读者朋友也得到了图 7.1 所示的结果，就说明代码运行成功。图 7.1 中的横轴对应的是样本的特征（feature），纵轴对应的是样本的目标（target）。当然，在这里，我们"手下留情"了，噪声参数（noise）只设置为 40，所以我们还是可以很明显地观察到样本的特征与目标之间有显著的线性相关关系——样本的分布情况大致呈现为一条直线。如果我们把噪声参数调高，则样本的分布会"面目全非"。

下面这行代码可以让我们查看某个样本的特征值与目标值。

```
#可以查看一下第一个样本的特征值与目标值
print(X[0],y[0])
```

运行代码，可以得到以下结果：

```
[-0.2770237835989297] -74.20883782560651
```

【结果分析】这里程序输出了第一个样本的特征值和目标值。可以看到，特征值是一个数组（用中括号括起来），而目标值是一个浮点数（小数点后面还有数字）；因为 n_features 参数设置为 1，所以样本只有一个特征值（中括号里只有一个数字）；第一个样本的特征值大致是 -0.277，而目标值大致是 -74.2。

7.1.2　来试试最简单的线性回归

在准备好数据之后，我们就可以让小瓦尝试使用最简单的线性回归来训练模型了。说线性回归是最简单的线性模型，主要是因为它的原理非常简单，哪怕是只有初中数学知识

的人也可以理解。它的公式可以表示为

$$\hat{y} = w_1 x_1 + w_2 x_2 + \cdots + w_n x_n + b$$

在这个公式中，$\hat{y}$（读作 y-hat）表示模型对于样本目标值的预测。模型要做的工作就是找到特征值 x 前面的系数 w 和偏差 b，使得样本总体的 $\hat{y}$ 与真实的目标值 y 的差距最小。

使用下面的代码，可以让小瓦更清晰地看到这个过程：

```
#创建一个线性回归实例
lr = LinearRegression()
#使用样本的特征值与目标值训练线性回归模型
lr.fit(X, y)
#为了对模型进行展示，我们生成一些新的数据
#横轴的数值在-2到2.5之间，数量为100个
X_new = np.linspace(-2, 2.5, 100)
#纵轴是模型对这些新数据点做出的预测值
#因为样本只有1个特征，所以要用reshape来处理一下
y_new = lr.predict(X_new.reshape(-1,1))
#把make_regression生成的样本用散点画出来
plt.scatter(X,y, s = 70, c = 'g', edgecolor = 'k', alpha = 0.6)
#用折线图绘制线性回归模型
plt.plot(X_new, y_new, c = 'grey', ls = '--')
#添加网格
plt.grid()
#显示图像
plt.show()
```

运行代码，可以得到图 7.2 所示的结果。

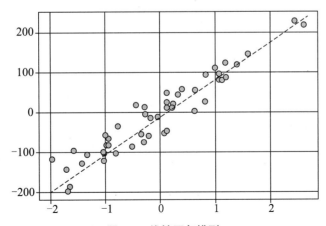

图 7.2　线性回归模型

【**结果分析**】在图 7.2 中可以看到一条"斜着"的虚线,这条虚线就是我们使用线性回归生成的模型。直观来看,这条线大致可以表达出样本分布的情况。那为什么这条线的位置在这里呢?这是因为这条直线的位置,距离所有样本的距离之和,是最小的。

我们根据数学知识知道,直线是有斜率和截距的。下面的代码可以让我们查看图 7.2 中直线的斜率和截距。

```
#查看这条直线的斜率和截距
print(lr.coef_, lr.intercept_)
```

运行代码,可以得到以下结果:

```
[95.33470141581209] -1.7453511239155963
```

【**结果分析**】从以上代码运行结果可知,这条直线的斜率大致是 95.33,截距大致是 –1.75。也就是说,它的方程大约可以表示为

$$y=95.33x-1.75$$

通过这个方程,我们就可以根据样本的特征值来估计它的目标值了。举一个例子,假设现在我们有一个样本,它的特征值是 3,就可以使用下面的代码来计算它的目标值。

```
#样本的特征值是3,用模型预测它的目标值
pre = lr.predict([[3]])
#查看预测值
pre
```

运行代码,可以得到以下结果:

```
array([284.25875312352065])
```

【**结果分析**】调用模型进行预测的方法还是比较简单的——只要使用 .predict 方法就可以。从代码运行结果可以看到,如果某个样本的特征值是 3,则它对应的目标值大致是 284.259。

注意:为了便于可视化,这里我们设置样本只有一个特征,因此模型是一条直线。如果样本的特征更多,或者说维度更高的话,模型将会是一个超平面。

7.1.3 使用正则化的线性模型

虽然线性回归是一种应用非常广泛的算法，但它也有一定的局限性——对于样本较少，且噪声较大的数据集来说，比较容易出现过度拟合的现象。举一个例子来说：假如老师让小瓦统计班里同学家长的收入情况，大部分同学家长的年收入在 10 万元到 30 万元之间，但有少量同学家长的年收入高达数亿元。这些为数不多的家长的收入数字就是统计学上所讲的离群值（outliers），会影响整个班级家长收入数据的分布情况。在这种情况下，要反映整体的真实水平，我们就可以考虑使用带有正则化的模型，对特征进行约束。

岭回归就是使用了正则化的线性模型之一。下面我们就来了解一下岭回归与线性回归的差别。输入代码如下：

```
#导入岭回归模型
from sklearn.linear_model import Ridge
#为了让大家看到区别，把alpha调高至50
ridge = Ridge(alpha = 50)
#使用make_regression生成的样本训练岭回归模型
ridge.fit(X, y)
```

运行代码，可以得到以下结果：

```
Ridge(alpha=50, copy_X=True, fit_intercept=True, max_iter=None,
    normalize=False, random_state=None, solver='auto', tol=0.001)
```

【**结果分析**】从以上代码运行结果可以看到，程序对岭回归模型的参数进行了返回。这里除了我们设置 alpha 为 50 之外，其他参数都是模型缺省设置。

下面我们还是通过图像来看一下岭回归模型与线性回归模型的差异。输入代码如下：

```
#用岭回归对X_new做出预测
y_new2 = ridge.predict(X_new.reshape(-1,1))
#把make_regression生成的样本用散点画出来
plt.scatter(X,y, s = 70, c = 'g', edgecolor = 'k', alpha = 0.6)
#绘制线性回归模型
plt.plot(X_new, y_new, c = 'grey', ls = '--',label = 'Linear
Rgression')
#绘制岭回归模型
plt.plot(X_new, y_new2, c = 'k', ls = ':', label = 'Ridge')
#添加网格
plt.grid()
```

```
#添加图注
plt.legend()
#显示图像
plt.show()
```

运行代码，可以得到如图 7.3 所示的结果。

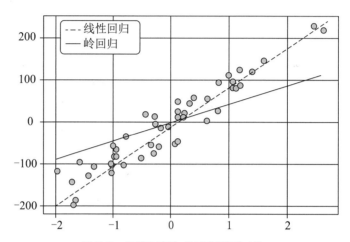

图 7.3　线性回归和岭回归模型对比

【结果分析】从图 7.3 中可以看到，岭回归模型对应的那条线要比线性回归模型的线更"平"一点儿，没有那么"陡峭"。结合数学知识可知，岭回归模型的斜率要比线性回归模型的斜率更小。换句话说，岭回归模型特征值前面的权重要小一些，这也是正则化带来的结果：使样本特征值中的噪声对模型预测值的影响更小，从而避免模型出现过度拟合的情况。

综上所述，如果样本有若干特征，且每个特征都比较重要（或者噪声较小），那我们应该使用线性回归来训练模型；反之，如果样本有些特征没有那么重要（或者噪声比较大），那我们可以考虑使用类似岭回归这样带有正则化功能的算法来进行模型的训练。

注意：岭回归模型使用的是 L2 正则化。通俗地讲，就是它虽然会对样本特征的系数进行约束，但不会让系数变成 0，也就是不会丢弃任何一个特征；相对地，使用 L1 正则化的算法，是有可能把特征的系数约束到 0 的（如套索回归），也就是会完全丢弃样本的某些特征。因此，如果样本的某些特征完全没有用的话，就可以考虑使用套索回归来进行模型的训练。

7.2 用线性模型搞搞交易策略

经过了 7.1 小节的学习，小瓦对线性模型的原理和用法有了基本的了解。那么如何借助线性模型来制定交易策略呢？咱们来和小瓦一起梳理一下思路：假如我们把炒股看作做生意，那么小瓦要做的是以较低的价格"进货"（买入股票），等价格涨起来之后"出货"（卖出股票）。那么问题来了——我们怎么知道股票的价格是在较低的水平，还是在较高的水平呢？

这时小瓦提出一个假设——市场是有效的，在某个时期内，企业的估值总是在一定的范围内上下波动（有时候被低估，有时被高估）。市场整体存在一个公允的估值方法，被低估的股票迟早会上涨，被高估的股票迟早会回调。借助线性模型的图可以说明这个假设，如图 7.4 所示。

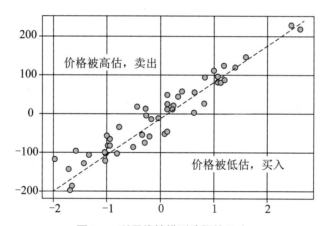

图 7.4 利用线性模型选股的思路

如果小瓦的假设有一定的道理，那么是不是可以把线性回归模型看作一个市场公允的估值（在这条线以下的股票是价值被低估的，在这条线以上的股票是价值被高估的）呢？带着这样的假设，我们可以来实验一下。

7.2.1 准备因子

既然我们要判断某只股票的估值，不妨想一想：财务状况越好的企业，理应得到更高的估值。因此，我们要用与财务相关的因子，如净资产、资产负债率、净利润、利润的增长，以及在研发方面的投入等。当然，资产负债率越低，说明财务状况越好。为了使这个指标与估值呈现正相关的关系，我们来取它的倒数。下面我们就来获取这些因子的数据。输入代码如下：

```
#导入聚宽数据加载工具
import jqdata
#这回咱们就把上证50成分股作为股票池
stocks = get_index_stocks('000016.XSHG')
#用query函数获取股票的代码
q = query(valuation.code,
            #还有市值
            valuation.market_cap,
            #净资产，用总资产减去总负债
            balance.total_assets - balance.total_liability,
            #一个资产负债率的倒数
            balance.total_assets/balance.total_liability,
            #把净利润也考虑进来
            income.net_profit,
            #还有年度收入增长
            indicator.inc_revenue_year_on_year,
            #研发费用
            balance.development_expenditure
            ).filter(valuation.code.in_(stocks))
#将这些数据存入一个数据表中
df = get_fundamentals(q)
#给数据表指定每列的列名称
df.columns =['code',
            'mcap',
            'na',
            '1/DA ratio',
            'net income',
            'growth',
            'RD']
#检查一下是否成功
df.head()
```

运行代码，可以得到如表 7.1 所示的结果。

表 7.1 获取沪深 300 成分股的数据

序号	code（代码）	mcap（市值）	na（净资产）	1/DA ratio（资产负债率倒数）	net income（净利润）	growth（年度收入增长）	RD（研发费用）
0	600000.XSHG	3061.4221	5.828085e+11	1.086756	1.753000e+10	10.66	NaN
1	600009.XSHG	1321.8936	3.256409e+10	9.664898	1.143673e+08	−41.02	NaN

序号	code（代码）	mcap（市值）	na（净资产）	1/DA ratio（资产负债率倒数）	net income（净利润）	growth（年度收入增长）	RD（研发费用）
2	600016.XSHG	2548.1367	5.486401e+11	1.085547	1.681100e+10	12.48	NaN
3	600028.XSHG	5339.2402	8.476660e+11	1.883102	−2.103200e+10	−22.59	NaN
4	600030.XSHG	3046.8411	1.811964e+11	1.244486	4.223257e+09	22.14	NaN

【结果分析】读者朋友如果也得到了与表 7.1 类似的结果，说明数据获取成功，可以进行下一步的工作了。

7.2.2 训练模型

在获取数据之后，接下来我们来对数据做预处理。首先，把股票代码作为数据表的index，让它们不参与模型的训练；其次，要把数据分成特征和目标——股票的市值作为数据集的目标值，其他的财务因子作为特征值；最后，要用 0 来替换掉原始数据中的空值，防止在模型训练的过程中产生错误。输入代码如下：

```
#把股票代码做成数据表的index
df.index = df['code'].values
#把原来代码这一列丢弃掉，防止它参与计算
df = df.drop('code', axis = 1)
#把除去市值之外的数据作为特征值，赋值给X
X = df.drop('mcap', axis = 1)
#市值这一列作为目标值，赋值给y
y = df['mcap']
#用0来填补数据中的空值
X = X.fillna(0)
y = y.fillna(0)
```

代码运行后，就完成了数据的简单处理，接下来就可以开始模型的训练了。输入代码如下：

```
#使用线性回归来拟合数据
reg = LinearRegression().fit(X,y)
#将模型预测值存入数据表
predict = pd.DataFrame(reg.predict(X),
                       #保持和y相同的index，也就是股票的代码
```

```
                              index = y.index,
                              #设置一个列名，这个根据你个人爱好就好
                              columns = ['predict_mcap'])
#检查是否成功
predict.head()
```

运行代码，可以得到表 7.2 所示的结果。

表 7.2 线性模型对股票市值的预测结果

code （代码）	predict_mcap （预测市值）
600000.XSHG	4551.781736
600009.XSHG	5588.677394
600016.XSHG	4363.823399
600028.XSHG	3215.071717
600030.XSHG	2087.274051

【结果分析】通过使用样本股票的特征数据进行训练之后，模型已经可以对股票的市值做出预测了。以 600000 为例，可以看到，这只股票真实的市值大约是 3061.42 亿元，模型给出的预测市值大约是 4551.78 亿元，也就是说，模型给出的结论是：这只股票的价值被低估了。

注意：这里只是模型给出的结果，不代表实际的情况。

7.2.3 基于模型的预测进行选股

既然现在模型已经可以对股票的市值做出预测了，我们就继续验证小瓦的假设：把真实的市值比模型预测值低得最多的股票找出来。输入代码如下：

```
#使用真实的市值，减去模型预测的市值
diff = df['mcap'] - predict['predict_mcap']
#将两者的差存入一个数据表，index还是用股票的代码
diff = pd.DataFrame(diff, index = y.index, columns = ['diff'])
#将该数据表中的值按生序进行排列
diff = diff.sort_values(by = 'diff', ascending = True)
#找到市值被低估最严重的10只股票
diff.head(10)
```

运行代码，可以得到如表 7.3 所示的结果。

表 7.3　真实市值比模型预测市值低最多的 10 只股票

code （代码）	diff （实际市值与预测市值的差）
600009.XSHG	−4266.783794
601988.XSHG	−2946.308147
601328.XSHG	−1955.203873
600016.XSHG	−1815.686699
601088.XSHG	−1775.203468
600276.XSHG	−1655.935830
601288.XSHG	−1640.995317
601668.XSHG	−1608.230577
600000.XSHG	−1490.359636
601818.XSHG	−1404.264913

【结果分析】从表 7.3 中可以看到，程序将计算出的实际市值比模型预测市值低的最多的 10 只股票进行了返回。后面我们将对这个列表中的股票进行买入并持有。一旦某只股票的市值上升后，与模型预测的市值差距缩小，这时该股票可能不会再出现在这个列表中，此时就考虑将该股票卖出。

注意：因为数据会发生变化，所以大家得到的列表与表 7.3 中的股票可能会有差异。这是正常现象，不必感到奇怪。

7.3　能不能赚到钱

现在，我们根据小瓦的设想，使用财务因子和线性模型，列出了一个包含若干只股票的表——表中的股票都是市值被低估的。交易思路是，当某只股票出现在这个表中时，就买入并持仓；当原本在列表中的股票从列表中消失时（也就是市值上升），就将其卖出。至于这个策略是否可行，我们就带小瓦一起来回测一下。

7.3.1 平台的策略回测功能

之前我们都是自己徒手使用 Python 代码来实现简单的回测，这回咱们用点儿高级手段——直接使用平台上的策略回测功能，这样可以让我们看到更多的策略评价指标。方法用起来非常简单，首先单击平台导航栏"策略研究"中的"策略列表"按钮，如图 7.5 所示。

图 7.5 单击"策略列表"按钮

进入策略列表之后，可以看到一个"新建策略"按钮，如图 7.6 所示。

图 7.6 "新建策略"按钮

单击"新建策略"按钮之后，会出现一个下拉菜单，这里选择"股票策略"选项即可，如图 7.7 所示。

图 7.7 新建一个"股票策略"

选择"股票策略"选项之后，会进入图 7.8 所示的页面。在这个页面中，左侧是代码编辑区域，右侧是编译运行结果的显示区域。这里我们可以看到，系统内置了一些示例代码。这里我们先不细看，后面我们把研究成果移植过来，再进行详细的研究。

图 7.8　策略编辑页面

接下来，我们要做的是，先在代码编辑区设置一些基本的参数，然后把我们在研究环境中的成果转化为策略，并进行回测。

7.3.2　把研究成果写成策略

由于回测环境和研究环境是相互独立的，我们先要导入用到的库，然后进行参数设置。初始化全局变量 context，告诉程序在这个全局变量中要运行哪些函数，多久进行一次调仓、最大持股个数等。具体代码如下：

```
#首先导入这些需要用到的库
import pandas as pd
import numpy as np
from sklearn.linear_model import LinearRegression
from sklearn.linear_model import Ridge
import jqdata
#定义一个初始化的函数
def initialize(context):
    #包括相关参数设置的函数
    set_params()
    #设置回测环境的函数
    set_backtest()
    #设置每日运行交易
    run_daily(trade, 'every_bar')
```

```
#定义参数设置的函数
def set_params():
    #定义初始日期为0
    g.days = 0
    #每5天调仓一次
    g.refresh_rate = 5
    #最大持股的个数为10个
    g.stocknum = 10
#定义回测的函数
def set_backtest():
    #这里咱们跟大盘，也就是与上证指数来做对比
    set_benchmark('000001.XSHG')
    #设置使用真实价格来进行交易
    set_option('use_real_price', True)
    #设置日志记录订单和报错
    log.set_level('order', 'error')
```

在设置好相关的函数之后，我们就可以把研究环境中的成果移植过来了。输入代码如下：

```
#接下来就是交易的函数了
def trade(context):
    #如果天数能够被5整除，
    #就运行我们在研究环境中写好的代码
    if g.days % 5 == 0:
        #下面的代码是从研究环境中移植过来的
        #去掉了画图和查看表头的部分
        #此处就不逐行注释了
        stocks = get_index_stocks('000016.XSHG', date = None)
        q = query(valuation.code,
        valuation.market_cap,
        balance.total_assets - balance.total_liability,
                balance.total_assets / balance.total_liability,
                income.net_profit,
                indicator.inc_revenue_year_on_year,
                balance.development_expenditure).filter(
                    valuation.code.in_(stocks))
        df = get_fundamentals(q, date = None)
        df.columns = ['code', 'mcap', 'na', '1/DA ratio',
        'net income', 'growth', 'RD']
        df.index = df.code.values
        df = df.drop('code',axis = 1)
        df = df.fillna(0)
        X = df.drop('mcap', axis = 1)
        y = df['mcap']
        X = X.fillna(0)
        y = y.fillna(0)
```

```
#下面是机器学习的部分
reg = LinearRegression()
model = reg.fit(X, y)
predict = pd.DataFrame(reg.predict(X),
                index = y.index,
                columns = ['predict_mcap'])
diff = df['mcap'] - predict['predict_mcap']
diff = pd.DataFrame(diff, index = y.index, columns = ['diff'])
diff = diff.sort_values(by = 'diff', ascending = True)
#下面是执行订单的部分
#首先将把市值被低估最多的10只股票存入持仓列表
stockset = list(diff.index[:10])
#同时已经持有的股票，存入卖出的列表中
sell_list = list(context.portfolio.positions.keys())
#如果某只股票在卖出列表中
for stock in sell_list:
    #同时又不在持仓列表中
    if stock not in stockset[:g.stocknum]:
        #就把这只股票卖出
        stock_sell = stock
        #卖出后该股票的持仓量为0，也就是直接清仓
        order_target_value(stock_sell, 0)
#如果持仓的数量小于我们设置的最大持仓数
if len(context.portfolio.positions) < g.stocknum:
    #我们就把剩余的现金，平均买入股票
    #例如持仓8只股票，剩余3万块现金
    #就买入2只列表中的股票，每只买入的金额上限为1.5万元
    num = g.stocknum - len(context.portfolio.positions)
    cash = context.portfolio.cash/num
else:
    cash = 0
    num = 0
for stock in stockset[:g.stocknum]:
    if stock in sell_list:
        pass
    else:
        stock_buy = stock
        order_target_value(stock_buy, cash)
        num = num - 1
        if num == 0:
            break
#同时天数加1
g.days += 1
#如果天数不能被5整除
else:
    #不执行交易，直接天数加1
    g.days = g.days + 1
```

到这里，我们就把研究成果变成了完整的交易策略。下面我们就可以来回测一下这个策略的性能表现了。

7.3.3 回测

既然要使用平台的回测功能，那就不妨把时间范围扩大一点儿。这里我们索性测三年的收益情况——从 2017 年的 5 月 12 日测到 2020 年的 5 月 11 日。同时，把初始资金设置为 10 万元人民币；再设置策略运行的周期是"每天"，如图 7.9 所示。

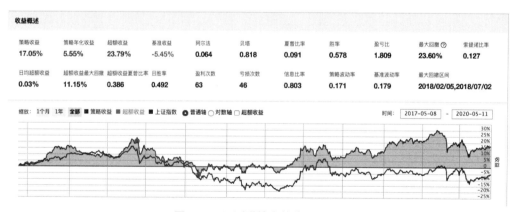

图 7.9　设置回测的时间范围和初始资金

完成设置后，单击图 7.9 中的"运行回测"按钮，系统即可编译运行我们的策略代码。等待不到 1 分钟的时间，系统就返回了回测结果，如图 7.10 所示。

图 7.10　回测详情中的收益概述

【**结果分析**】图 7.10 是系统返回的收益概述情况。直观来看，这个策略确实给我们带来了正向收益，而且收益在绝大多数情况下都跑赢了大盘。再来看具体指标：三年来，策略的累计收益率为 17.05%，年化收益率为 5.55%，超额收益率为 23.79%。紧随其后的还有"阿尔法""贝塔""夏普比率""最大回撤"等若干个指标。这些指标对于小瓦来说，还有点儿陌生。咱们就用一点儿篇幅来简单介绍一下几个重点指标。

- 阿尔法：也就是 Alpha，指的是小瓦通过投资，获得的与市场波动无关的回报，简单来说，就是策略收益比基准收益多（或者少）的部分。它的计算公式是

$$\text{Alpha}=R_p-(R_f+\beta_p(R_m-R_f))$$

式中，R_p 是策略的年化收益率，R_f 是无风险利润（默认取 0.04），R_m 是基准收益率，β_p 是策略的贝塔值。阿尔法值越大，说明策略的收益越高。如果有个策略的阿尔法值小于 0，那说明使用这个策略进行交易，还不如直接买指数基金赚得多。

- 贝塔：也就是 Beta，指的是策略对与大盘变化的敏感性。举例来说，假如大盘上涨了 1%，而策略的收益上涨了 2%，说明贝塔值在 2 左右。当然这是粗略的说法，详细的计算公式是

$$\text{Beta}=\frac{\text{Cov}(D_p, D_m)}{\text{Var}(D_m)}$$

式中，D_p 指的是每日策略的收益，D_m 指的是每日的基准收益。Cov 指的是协方差，Var 指的是方差。简单地讲，如果贝塔值小于 0，说明策略收益与大盘的走势相反；如果贝塔值等于 0，说明策略收益与大盘的走势没有关系；如果贝塔值大于 0 且小于 1，说明策略收益与大盘的走势相同，但是波动幅度比大盘的波动幅度小；如果贝塔值大于 1，说明策略的收益与大盘的走势相同，而且波动幅度比大盘的波动幅度还要大。

- 夏普比率：也就是 Sharpe Ratio，指的是策略每承受一单位的风险，能够产生多少超额回报。它的计算公式是

$$\text{Sharpe Ratio}=\frac{R_p-R_f}{\sigma_p}$$

式中，R_p 是策略的年化收益率，R_f 是基准收益，σ_p 是策略收益的标准差，也就是策略收益的波动率。对于策略来说，夏普比率的值越高越好。

- 最大回撤：也就是 Max DrawDown，指的是在一定时间范围内，总资产的最大值与最小值的差与最大值的比率。这个指标衡量的是策略可能带来的亏损，其计算公式为

$$\text{Max Drawdown}=\text{Max}(P_x{-}P_y)/P_x$$

通俗地说，假设某日我们的总资产 P_x 是 1 万元，而过了若干天，总资产 P_y 缩水到了8000 元，则最大回撤是（10000–8000）/10000×100%=20%。也就是说，该策略的最大回撤是 20%。

除了上述几个指标之外，回测结果还包含了一些其他指标。这里我们不详细展开，留给大家自己了解即可。回过头来，咱们再说一说策略的表现——3 年累计收益率为17.05%，年化收益率为 5.55%——虽然整体跑赢了大盘基准收益，但显然，小瓦对这个结果是不满意的——费了那么大劲，结果却比买保本理财产品的年化收益率高不了多少，那还不如买理财产品呢。看起来，我们还得继续优化我们的策略才行。

注意：在本策略中，我们使用了线性回归模型来进行选股。限于篇幅，我们就不展示其他线性模型的使用方法了。读者朋友可以尝试替换成岭回归或其他的线性模型算法，对比一下看策略的收益能否有效提高。

7.4　小结

在本章中，我们使用了机器学习中的线性模型。通过对多个因子数据的学习，选出了一些模型认为价值被低估的股票，据此制订了一个交易策略，且使用量化交易平台对策略进行了回测。总体来说，策略确实可以带来一定的收益，但是没有达到小瓦的预期。细想一下，这个策略确实有它的局限性。例如，它没有考虑不同行业的企业在估值方面的差异；此外，也默认了各因子与估值之间存在线性关系。这些都可能是导致策略收益不高的原因。因此，在第 8 章中，我们将会继续尝试使用不同的模型和因子来对策略进行调整。

第 8 章 因子遇到决策树与随机森林

在第 7 章中，我们和小瓦一起使用股票的财务因子训练了一个线性模型，并据此设计了一个交易策略。经过回测，该策略可以带来一定的投资收益——年化收益率为 5.55%——这样的收益水平确实很难让人满意。因此，在本章中，我们要对策略进行调整。调整方式包括使用更多的因子、更换模型的算法、调整交易策略等。

本章的主要内容如下。

● 决策树和随机森林的原理与使用方法。

● 使用决策树判断因子的重要程度。

● 使用随机森林模型进行选股。

● 编写更精细的交易策略并回测。

8.1 什么是决策树和随机森林

在第 7 章中，我们和小瓦一起研究了机器学习中的线性模型。当然也提到线性模型的局限性——当样本的特征与目标并没有显著的线性关系时，线性模型就会有些"力不从心"。在这种情况下，我们就要考虑使用非线性模型了。

说到非线性模型，最经典且最常用的算法就是决策树。相对于很多算法来说，决策树也是非常容易理解的。下面我们就来看看决策树的基本原理。

8.1.1 线性模型不适用的数据样本

为了便于读者朋友对决策树算法的理解，这里我们还是用 scikit-learn 内置的数据生成工具来做一些演示。输入代码如下：

```
#导入决策树回归器和其他必要的库
from sklearn.tree import DecisionTreeRegressor
from sklearn.datasets import make_regression
import matplotlib.pyplot as plt
import numpy as np
import pandas as pd
```

在导入必要的工具之后，我们来生成一个数据集，并且让这个数据集不适用线性模型。输入代码如下：

```
#生成一个回归任务数据集，样本数量100
X, y = make_regression(n_samples = 100,
                       #只有一个特征
                       n_features = 1,
                        #为了使线性模型不适用
                        #设置噪声参数为60
                       noise = 60,
                        #设定随机状态，便于复现
                       random_state = 18)
#使用散点图将样本进行可视化
plt.scatter(X, y, s=80,
            #下面几个参数都是为了美观
            c = y, edgecolor = 'grey',
            alpha = 0.6)
#添加网格并展示图像
plt.grid()
plt.show()
```

运行代码，可以得到如图 8.1 所示的结果。

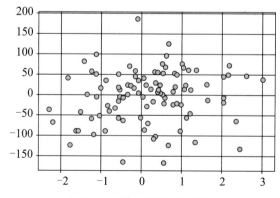

图 8.1　噪声参数为 60 的样本

【**结果分析**】从图 8.1 中可以看到，当我们把样本的噪声参数增加到 60 时，样本不再呈现为一条线的分布状况，而是更加"零散"地散布在二维空间中。在这种情况下，使用线性模型进行拟合显然有些不合理。

8.1.2 决策树的用法和原理

既然线性模型对于这样的数据集"力不从心"，那我们就用决策树来试一试。同样地，scikit-learn 也内置了决策树模型。使用方法如下面代码所示：

```
#创建一个决策树示例，可以通过调节max_depth参数来防止模型过拟合
#这里我们不限制决策树的max_depth
reg = DecisionTreeRegressor(max_depth = None)
#使用模型拟合样本数据
reg.fit(X,y)
#为了将模型进行可视化，同样生成一个沿横轴分布的数列
X_new = np.linspace(-2.5, 3.5, 100)
#调用模型对生成数列的目标值做出预测
y_new = reg.predict(X_new.reshape(-1,1))
#以下是绘图的部分
plt.scatter(X, y, s=80,
            c = y, edgecolor = 'grey',
            alpha = 0.4)
plt.plot(X_new, y_new, lw = 2,
         ls = '-', c='grey')
plt.grid()
plt.show()
```

运行代码，可以得到如图 8.2 所示的结果。

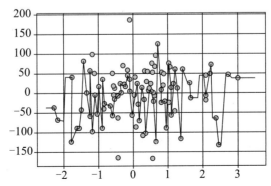

图 8.2 使用噪声参数 60 的样本数据训练的决策树模型

【结果分析】从图 8.2 中可以看到，决策树模型和线性模型的"形状"完全不同——决策树模型不是一条直线，而是一条曲线。这条曲线在尽力地覆盖所有的样本，以此来提高模型的准确率。也可以说，决策树模型的复杂度比线性模型高了不少。

到这里，小瓦有一个疑惑：决策树模型和 KNN 模型看起来有点像，那它们有什么区别呢？图 8.3 可以让我们直观看到决策树的工作机理。

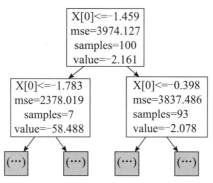

图 8.3　决策树的工作机理

我们从图 8.3 中可以看到，决策树的工作过程是一个树状的结构——这也是决策树名字的由来。在整个树状结构的顶端，模型先对样本特征进行判断：如果样本特征小于或等于 -1.459，则向左分枝，否则向右分枝；到第二层左边的节点，如果样本特征小于或等于 -1.783，则向左分枝，否则向右分枝……模型一直重复这个过程，直到拟合完全部的样本（而不是像 KNN 模型那样，根据样本之间的欧氏距离来进行分类或回归）。

8.1.3　随机森林的用法和原理

通过观察，我们可以发现，决策树会努力地去覆盖样本中的每个点。这种机制可以让模型的准确率更高。但是，如果样本中有过多噪声，模型就难免出现过拟合的现象了。为了解决这个问题，我们引入一种集成方法——随机森林。随机森林的原理用一句话概括就是：将多棵决策树打包在一起，并且将多棵决策树的预测结果的平均值作为随机森林的预测结果。这样就可以在一定程度上避免过拟合。

下面用代码来直观展示一下随机森林的用法。

```
#导入随机森林回归器
from sklearn.ensemble import RandomForestRegressor
```

```
#创建一个随机森林实例，指定森林中有100棵决策树
reg2 = RandomForestRegressor(n_estimators=100)
#使用随机森林拟合数据
reg2.fit(X,y)
#生成对数列进行预测
y_new_2 = reg2.predict(X_new.reshape(-1, 1))
#下面是绘图部分
plt.scatter(X, y, s=80,
            c = y, edgecolor = 'grey',
            alpha = 0.4)
#将决策树和随机森林的模型进行可视化
plt.plot(X_new, y_new, lw = 1.5,
         ls = '-', c='grey',
         label = 'Tree')
plt.plot(X_new, y_new_2, lw = 1.5,
         ls = '--', c='r',
         label = 'Forest')
#添加图注、网格并展示
plt.legend()
plt.grid()
plt.show()
```

运行代码，可以得到如图 8.4 所示的结果。

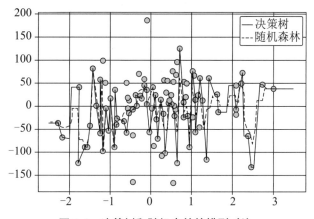

图 8.4 决策树和随机森林的模型对比

【**结果分析**】在图 8.4 中，实线部分是决策树模型，虚线部分是随机森林模型。认真观察，我们不难发现，随机森林模型"波动"的幅度没有决策树模型大。这说明，随机森林模型要比决策树模型更简单，相对不容易受到噪声的干扰，也就更不容易出现过拟合的现象。

使用下面的代码，可以看到随机森林中的每一棵树：

```
#查看随机森林中前两棵决策树
reg2.estimators_[:2]
```

运行代码，可以得到以下结果：

```
[DecisionTreeRegressor(criterion='mse', max_depth=None, max_
features='auto',
          max_leaf_nodes=None, min_impurity_decrease=0.0,
          min_impurity_split=None, min_samples_leaf=1,
          min_samples_split=2, min_weight_fraction_leaf=0.0,
          presort=False, random_state=1874978931, splitter='best'),
 DecisionTreeRegressor(criterion='mse', max_depth=None, max_
features='auto',
          max_leaf_nodes=None, min_impurity_decrease=0.0,
          min_impurity_split=None, min_samples_leaf=1,
          min_samples_split=2, min_weight_fraction_leaf=0.0,
          presort=False, random_state=671963794, splitter='best')]
```

【结果分析】系统返回了随机森林中前两棵决策树的模型。可以看到，这两棵决策树模型的大部分参数是相同的，只有 random_state 参数不同。当然，仅仅是 random_state 的差别也可以让两棵决策树的预测结果有一定的差异。在我们的随机森林中，有 100 棵不同的决策树，这就使得随机森林的预测结果更倾向于"中立"，从而降低过拟合的风险。

8.2　哪些因子重要，决策树能告诉你

在第 7 章中，我们把若干个财务因子一股脑扔给了模型，让它吭哧吭哧算了好久，最后策略收益也没达到小瓦的预期。那么这是哪里出了问题呢？有没有一种可能，我们选的因子对于股价的变动压根儿就不重要呢？要解答这个问题，我们可以借助决策树的"隐藏功能"——判断特征重要性（feature importance）。说干就干，我们跟小瓦一起来动手试试看吧。

8.2.1　多来点因子

为了进行对比，这次我们还是先加载股票的财务因子，同时增加一些技术因子，看看究竟哪些因子会被模型认为对结果的影响更大。话不多说，直接上代码：

```
#先导入jqdata和技术分析工具
import jqdata
from jqlib.technical_analysis import *
#同样选择沪深300成分股做股票池
stocks = get_index_stocks('000300.XSHG')
#创建query对象，指定获取股票的代码、市值、净运营资本
#净债务、产权比率、股东权益比率、营收增长率、换手率、
#市盈率（PE）、市净率（PB）、市销率（PS）、总资产收益率因子
q = query(valuation.code, valuation.market_cap,
          balance.total_current_assets- balance.total_current_liability,
          balance.total_liability- balance.total_assets,
          balance.total_liability/balance.equities_parent_company_owners,
          (balance.total_assets-balance.total_current_assets)/balance.
total_assets,
          balance.equities_parent_company_owners/balance.total_assets,
          indicator.inc_total_revenue_year_on_year,
          valuation.turnover_ratio,
          valuation.pe_ratio,
          valuation.pb_ratio,
          valuation.ps_ratio,indicator.roa).filter(
    valuation.code.in_(stocks))
#将获得的因子值存入一个数据表
df = get_fundamentals(q, date = None)
#把数据表的字段名指定为对应的因子名
df.columns = ['code', '市值', '净营运资本',
              '净债务', '产权比率','非流动资产比率',
              '股东权益比率', '营收增长率','换手率','PE','PB','PS','总资产收益
率']
#检查结果
df.head()
```

运行代码，会得到如表 8.1 所示的结果。

表 8.1　获取股票的基础财务因子

序　　号	code	市　　值	…	PB	PS	总资产收益率
0	000001.XSHE	2561.5813	…	0.9070	1.7862	0.21
1	000002.XSHE	2962.2917	…	1.5701	0.8065	0.14
2	000063.XSHE	1854.6270	…	4.4943	2.0603	0.56
3	000069.XSHE	501.1731	…	0.7405	0.8506	0.20
4	000100.XSHE	662.8935	…	2.2785	1.1194	0.16

【**结果分析**】这里为了方便展示，我们对平台返回的结果进行了一些简化。实际上，读者朋友得到的结果要比这个表的字段多一些。当然，只要读者朋友们也看到了这个表，就能说明代码运行成果，可以进行下一步工作了。

下面继续获取技术因子。输入代码如下：

```python
#将股票代码作为数据表的index
df.index = df.code.values
#使用del也可以删除列
del df['code']
#下面定义时间变量
today = datetime.datetime.today()
#设定3个时间差，分别是50天、1天和2天
delta50 = datetime.timedelta(days=50)
delta1 = datetime.timedelta(days=1)
delta2 = datetime.timedelta(days=2)
#50天前作为一个历史节点
history = today - delta50
#再计算昨天和2天前的日期
yesterday = today - delta1
two_days_ago = today - delta2
#下面获取股票的动量线、成交量、累计能量线、平均差、
#指数移动平均、移动平均、乖离率等因子
#时间范围都设为10天
df['动量线']=list(MTM(df.index, two_days_ago,
                timeperiod=10, unit = '1d',
                include_now = True,
                fq_ref_date = None).values())
df['成交量']=list(VOL(df.index, two_days_ago, M1=10 ,
                unit = '1d', include_now = True,
                fq_ref_date = None)[0].values())
df['累计能量线']=list(OBV(df.index,check_date=two_days_ago,
                timeperiod=10).values())
df['平均差']=list(DMA(df.index, two_days_ago, N1 = 10,
                unit = '1d', include_now = True,
                fq_ref_date = None)[0].values())
df['指数移动平均']=list(EMA(df.index, two_days_ago, timeperiod=10,
                unit = '1d', include_now = True,
                fq_ref_date = None).values())
df['移动平均']=list(MA(df.index, two_days_ago, timeperiod=10,
                unit = '1d', include_now = True,
                fq_ref_date = None).values())
df['乖离率']=list(BIAS(df.index,two_days_ago, N1=10,
                unit = '1d', include_now = True,
                fq_ref_date = None)[0].values())
#把数据表中的空值用0来代替
df.fillna(0,inplace=True)
#检查是否成功
df.head()
```

运行代码，可以得到如表 8.2 所示的结果。

表 8.2　添加了技术因子后的数据表

代　码	市　　值	…	平 均 差	指数移动平均	移动平均	乖 离 率
000001.XSHE	2561.5813	…	0.3080	13.553094	13.731	−3.648678
000002.XSHE	2962.2917	…	−1.0332	25.965393	26.140	−2.486611
000063.XSHE	1854.6270	…	−1.5904	41.330832	41.532	−0.871617
000069.XSHE	501.1731	…	−0.0666	6.265969	6.322	−3.037014
000100.XSHE	662.8935	…	0.0216	4.812457	4.785	8.463950

【结果分析】我们对表 8.2 也进行了删减，读者朋友得到的数据表会比表 8.2 的字段多很多（一共有 19 个字段），包括股票的财务因子和技术因子。关于技术因子，我们选择的是两天前的数据，用它们来预测一天前股票价格变动带来的收益，并找到相对更重要的因子。

8.2.2　设定目标并训练模型

现在我们就来给模型设定目标。我们的思路是，先找到股票的历史收盘价（如 50 天前），再用前一天的收盘价除以 50 天前的收盘价并减 1，计算出这 50 天来股票的收益；然后我们找到那些收益水平大于平均水平的股票，标记为 1，其余标记为 0，作为模型的分类标签。输入代码如下：

```
#获取股票前一日的收盘价
df['close1']=list(get_price(stocks,
                        end_date=yesterday,
                        count = 1,
                        fq='pre',panel=False)['close'])
#获取股票50天前的收盘价
df['close2']=list(get_price(stocks,
                        end_date=history,
                        count = 1,
                        fq ='pre',panel=False)['close'])

#计算收益
df['return']=df['close1']/df['close2']-1
#如果收益大于平均水平，则标记为1
#否则标记为0
df['signal']=np.where(df['return']<df['return'].mean(),0,1)
#检查是否成功
df.head()
```

运行代码，可以得到如表 8.3 所示的结果。

表 8.3　计算历史收益并添加分类标签

代　　码	（字段省略）	乖 离 率	close1	close2	return	signal
000001.XSHE	…	0.341931	13.20	12.94	0.020093	0
000002.XSHE	…	0.405065	26.21	26.04	0.006528	0
000063.XSHE	…	0.492806	40.21	42.74	−0.059195	0
000069.XSHE	…	0.375162	6.11	6.48	−0.057099	0
000100.XSHE	…	1.000000	4.90	4.18	0.172249	1

【结果分析】表 8.3 在原始代码运行结果的基础上进行了删减。读者朋友需要关注的是 close1、close2、return 和 signal 这几列。它们分别对应的是 1 天前的收盘价、50 天前的收盘价、该时间段内的收益，以及收益是否大于平均值。signal 这一列是训练模型用的分类标签。

现在数据集已经准备就绪，我们可以开始训练模型了。输入代码如下：

```python
#导入数据集拆分工具
from sklearn.model_selection import train_test_split
#导入决策树分类器
from sklearn.tree import DecisionTreeClassifier
#把因子值作为样本的特征，所以要去掉刚刚添加的几个字段
X = df.drop(['close1', 'close2', 'return', 'signal'], axis = 1)
#把signal作为分类标签
y = df['signal']
#将数据拆分为训练集和验证集
X_train,X_test,y_train,y_test=\
train_test_split(X,y,test_size = 0.2)
#创建决策树分类器实例，指定random_state便于复现
clf = DecisionTreeClassifier(random_state=1000)
#拟合训练集数据
clf.fit(X_train, y_train)
#查看分类器在训练集和验证集中的准确率
print(clf.score(X_train, y_train),
      clf.score(X_test, y_test))
```

运行代码，可以得到如下结果：

```
1.0 0.9166666666666666
```

【结果分析】从代码运行结果可以看到，决策树模型的表现还是比较不错的——训练集中的准确率达到了 100%，在验证集中的准确率达到了 91.67% 左右。在这样的情况下，我们相信模型给出的特征重要性还是有一定参考价值的。

8.2.3 哪些因子重要

决策树的属性——feature_importances_ 存储的是模型判断的样本特征的重要程度。为了便于查看，我们把这个属性存储到一个列表中。输入代码如下：

```
#为了便于观察，我们创建一个数据表
#数据表有两个字段，分别是特征名和重要性
#特征名就是因子的名称
#重要性就是决策树给出的feature_importances_
factor_weight = pd.DataFrame({'features':list(X.columns),
                              'importance':clf.feature_importances_}).
sort_values(
        #这里根据重要程度降序排列，一遍遍找到重要性最高的特征
        by='importance', ascending = False)
#检查结果
factor_weight
```

运行代码，可以得到如表 8.4 所示的结果。

表 8.4   各因子的重要性

序　　号	features （特征）	importance （重要性）
15	平均差	0.637887
18	乖离率	0.077150
12	动量线	0.072766
7	换手率	0.060030
3	产权比率	0.032614
16	指数移动平均	0.028214
4	非流动资产比率	0.017285
11	总资产收益率	0.016298
17	移动平均	0.014630
0	市值	0.014630
2	净债务	0.011704
9	PB	0.011704
6	营收增长率	0.005089
……	……	0.000000

【**结果分析**】从表 8.4 中可以看到，在所有的因子当中，平均差（DMA）这个因子的重要性竟然是最高的，达到了 0.63 左右，远远超过了其他因子。平均差因子的含义是，短期均线的数值减去长期均线的数值。这里的 DMA 是默认的参数，也就是 10 天均线减去 50 天均线。我们也可以看到，在重要程度排在前 5 的因子中，4 个因子是技术因子——平均差、乖离率、动量线和换手率。

8.3 用重要因子和随机森林来制订策略

既然我们找到了一些对收益影响最多的因子，那就来用这些因子训练模型制订交易策略吧。接下来我们要做的事情和第 7 章比较类似——使用模型进行回归分析，找到价值低估的股票，并编写策略进行回测。与第 7 章不同的是，我们这里会进一步细化策略代码。

8.3.1 回测函数的初始化

现在我们来新建一个策略，并对一些基础参数进行设置。输入代码如下：

```
#导入需要用到的库
from sklearn.ensemble import RandomForestRegressor
import jqdata
from jqlib.technical_analysis import *
import datetime
#初始化函数
def initialize(context):
    #包括策略参数的设置
    set_params()
    #回测条件的设置
    set_backtest()
    #以及其他变量的设置
    set_variables()
```

注意：以上代码需要在回测环境中运行，而不是在研究环境中，请读者朋友务必注意。

在上面的代码中，我们先导入了需要用到的库，包括 scikit-learn 中的随机森林回归、"聚宽"平台的数据 API 和技术指标分析工具，以及 datetime 库。随后，我们定义了一个初始化函数。这个函数包括三个部分：策略参数的设置、回测条件的设置和其他变量的设置。

接下来，我们来逐一进行这三个部分的设置。输入代码如下：

```
#定义参数设置的函数
def set_params():
    #首先是调仓频率的设置
    g.tc=10
    #然后是最大持股数的设置，这里设定最大持股个数为6个
    g.stocknum = 6
    #设置初始的收益为-0.05
    g.ret=-0.05
#定义回测函数
def set_backtest():
    #基准收益设置为上证指数
    set_benchmark('000001.XSHG')
    #设置成交价格为真实价格
    set_option('use_real_price', True)
    #设置日志记录订单和代码错误
    log.set_level('order', 'error')
#设置其他变量
def set_variables():
    #初始天数为0，每运行一天，天数加1
    g.days = 0
    #初始交易为False，即不进行交易
    g.if_trade = False
```

在这段代码中，我们把调仓频率、最大持股数、对比的基准收益等都设置好了。接下来，我们还可以对每笔交易的滑点和手续费进行设置。

8.3.2 盘前的准备工作

在每日开盘之前，我们要让程序做几件事情：首先，判断当日是否是调仓日；其次，设置好交易的滑点和手续费；最后，设置好股票池。要完成这些工作，就要定义新的函数。输入代码如下：

```
#定义一个函数，设置开盘之前需要做的事
def before_trading_start(context):
    #如果天数可以被调仓频率整除
    if g.days%g.tc==0:
        #则交易状态变为True，即进行交易
        g.if_trade=True
        #运行滑点和手续费的计算
```

```
    set_slip_fee(context)
    #股票池设置成沪深300成分股
    g.stocks=get_index_stocks('000300.XSHG')
    #运行一个函数,在大的股票池中选择可用的股票
    g.feasible_stocks = set_feasible_stocks(g.stocks,context)
#这些工作做完,天数加1
g.days+=1
```

在上面的代码中,我们指定 before_trading_start 函数自动判断是否要进行调仓,且运行交易滑点和手续费的计算 set_slip_fee,同时指定运行 set_feasible_stocks 函数在沪深 300 成分股中选择可供交易的股票。

接下来,我们就需要定义 set_feasible_stocks 和 set_slip_fee 的具体内容了。输入代码如下:

```
#定义遴选可交易股票的函数
def set_feasible_stocks(initial_stocks,context):
    #先创建一个空列表
    paused_info = []
    #使用get_current_data函数获取数据
    current_data = get_current_data()
    #在沪深300成分股中遍历
    for i in initial_stocks:
        #把是否停盘的信息添加到先前创建的空列表中
        paused_info.append(current_data[i].paused)
    #将是否停盘信息存入一个数据表
    df_paused_info = pd.DataFrame({'paused_info':paused_info},
    index = initial_stocks)
    #选出没有停盘的股票,存入股票列表
    stock_list =list(df_paused_info.index[df_paused_info.paused_info ==
False])
    #将这个股票列表进行返回
    return stock_list
```

在这一段代码中,我们使用 get_current_data 获取股票是否停盘的信息;选出那些没有停盘的股票,并将其放入可交易的股票列表中。

下面来定义滑点和手续费。输入代码如下:

```
#定义set_slip_fee函数
def set_slip_fee(context):
    # 将滑点设置为0.02
    set_slippage(FixedSlippage(0.02))
    #设置买入的手续费为千分之3
    #设置卖出的手续费为千分之4
```

```
#每笔交易最少收取5元手续费
set_commission(PerTrade(buy_cost=0.003,
sell_cost=0.004,
min_cost=5))
```

到此，我们的准备工作就完成了，接下来要进行的是策略中交易的主体部分。

8.3.3　策略中的机器学习部分

下面我们就开始编写策略中的机器学习部分。在这部分中，我们主要把机器学习的部分移植过来。为了演示模型的使用方法，在这一步中，我们使用随机森林进行模型的训练。在这之前，我们还需要定义一个总体的数据处理函数，用于执行各种操作。输入代码如下：

```
#定义handle_data函数
def handle_data(context,data):
    #如果是调仓日，也就是交易状态为True
    if g.if_trade == True:
        #获取买入股票的列表
        list_to_buy = stocks_to_buy(context)
        #卖出股票的列表
        list_to_sell = stocks_to_sell(context, list_to_buy)
        #执行卖出操作和买入操作
        sell_operation(list_to_sell)
        buy_operation(context, list_to_buy)
    #将交易状态改为False
    g.if_trade = False
```

在这一步中，我们定义了 handle_data 函数。在这个函数中，我们需要指定买入的股票 stocks_to_buy 和要卖出的股票 stocks_to_sell，以及买入 / 卖出操作 buy_operation 和 sell_operation。下面我们把机器学习的部分从研究中迁移过来。输入代码如下：

```
#把机器学习的部分移植过来
def get_rff(context,stock_list):
    #使用current_dt获取当日的日期
    today = context.current_dt
    #通过timedelta算出前一天的日期
    delta = datetime.timedelta(days=1)
    yesterday = today - delta
```

```
#下面的部分在研究环境中进行过
#我们就不逐行注释了
    q = query(valuation.code,valuation.market_cap).filter(valuation.
code.in_(stock_list))
    dataset = get_fundamentals(q)
    dataset['平均差'] = list(DMA(dataset.code, yesterday)[0].values())
    dataset['换手率'] = list(HSL(dataset.code, yesterday)[0].values())
    dataset['移动平均'] = list(MA(dataset.code, yesterday).values())
    dataset['乖离率'] = list(BIAS(dataset.code, yesterday)[0].values())
    dataset['动量线'] = list(MTM(dataset.code,yesterday).values())
    dataset.index = dataset.code
    dataset.drop('code', axis = 1, inplace = True)
    X = dataset.drop('market_cap', axis = 1)
    y = dataset['market_cap']
#这里我们使用随机森林来训练模型
    reg = RandomForestRegressor(random_state=20)
    reg.fit(X,y)
#找到模型市值比预测值低最多的股票
    factor = y - pd.DataFrame(reg.predict(X), index = y.index, columns
= ['market_cap'])
    factor = factor.sort_index(by = 'market_cap',ascending=True)
#将结果进行返回
    return factor
```

在这段代码中，get_rff 函数的主要作用是使用随机森林根据股票前一天的因子值训练模型，对股票的市值做出预测，找到实际市值比预测值低最多的股票，并将其存入一个列表中返回。这段代码的大体思路与第 7 章比较类似，还是比较容易理解的。

8.3.4　定义买入股票和卖出股票的列表

下面我们就来根据 get_rff 函数的返回结果来创建买入股票的列表。输入代码如下：

```
#定义stocks_to_buy函数
def stocks_to_buy(context):
    #创建一个空列表
    list_to_buy=[]
    #设置两个时间节点
    #一个是当日的日期
    day1=context.current_dt
    #另一个是5天前的日期
    day2= day1-datetime.timedelta(days=5)
    #找到这两个时间节点的沪深300指数的收盘价
```

```
hs300_close=get_price('000300.XSHG',day2,day1 , fq='pre')['close']
#求出这个时间范围中沪深300的回报率
hs300_ret=hs300_close[-1]/hs300_clos[0]-1
#如果沪深300的收益比持仓收益高
if hs300_ret>g.ret:
    #就使用get_rff函数在可交易股票中找到估值偏低较多的6只股票
    factor = get_rff(context, g.feasible_stocks)
    #加入买入列表中
    list_to_buy = list(factor.index[:g.stocknum])
#否则保持买入列表为空
else:
    pass
#返回买入列表
return list_to_buy
```

这段代码的主要思路是，如果沪深 300 在最近 5 天中的收益比我们设置的收益高，说明股市整体上涨，这时就买入随机森林模型选出的股票，否则不进行任何操作。

同样地，我们还要创建卖出股票的列表。输入代码如下：

```
#定义stocks_to_sell函数
def stocks_to_sell(context, list_to_buy):
    #首先还是空列表
    list_to_sell=[]
    day1=context.current_dt
    day2= day1-datetime.timedelta(days=5)
    #同样与沪深300指数的收益进行对比
    hs300_close=get_price('000300.XSHG',day2,day1 , fq='pre')['close']
    hs300_ret=hs300_close[-1]/hs300_clos[0]-1
    #如果沪深300收益低于初始收益
    for stock_sell in context.portfolio.positions:
        if hs300_ret<=g.ret:
            list_to_sell.append(stock_sell)
        else:
            #或者持仓股票的价格低于平均持仓成本的0.95倍
            if context.portfolio.positions[stock_sell].price^
            context.portfolio.positions[stock_sell].avg_cost<0.95\
                #或者某只股票不在买入列表中
                or stock_sell not in list_to_buy:
                #就把该股票添加到卖出列表
                list_to_sell.append(stock_sell)
    #将卖出列表进行返回
    return list_to_sell
```

在这段代码中，如果沪深 300 指数在 5 天内的收益比初始收益低的话，说明整体下行，这时我们就要卖出股票；或者持仓的某只股票价格低于平均持仓成本的 0.95 倍，抑或是某只股票不再出现在买入列表中，就将它放入卖出列表中。

8.3.5　定义买入操作和卖出操作

现在我们已经有了买入和卖出股票的列表了，下面就来定义买入操作和卖出操作，让程序自动将列表中的股票按照一定的数量进行买入或卖出的操作。输入代码如下：

```
#定义卖出操作
def sell_operation(list_to_sell):
    #只要股票出现在卖出股票的列表中，就全部卖出
    for stock_sell in list_to_sell:
        order_target_value(stock_sell, 0)
#定义买入操作
def buy_operation(context,list_to_buy):
    #如果持仓的股票个数小于最大持仓数
    if len(context.portfolio.positions) < g.stocknum:
        #就平均分配可用资金
        num = g.stocknum - len(context.portfolio.positions)
        cash = context.portfolio.cash/num
    else:
        #否则资金和买入数量都是0
        cash = 0
        num = 0
    #使用资金买入列表中的股票
    for stock_sell in list_to_buy[:num+1]:
            order_target_value(stock_sell, cash)
            num = num - 1
            #直到达到最大持仓数
            if num == 0:
                break
#如果已经持有6只股票，就什么都不做
else:
    pass
```

在这段代码中，卖出操作是比较容易理解的——只要股票出现在卖出股票的列表中，就全部平仓；而买入前要判断一下仓位和现金的数量。这部分与第 7 章也是非常类似的，我们在此就不再赘述了。

8.3.6　对策略进行回测

到此，我们已经写好了完整的策略，可以开始回测了。为了便于对比，我们仍然设置回测的周期为 3 年，初始资金为 10 万元，如图 8.5 所示。

图 8.5　设置回测的周期和初始资金

按照如图 8.5 所示的方式设置好回测的条件后，单击"运行回测"按钮，等待几分钟就可以得到回测的结果，如图 8.6 所示。

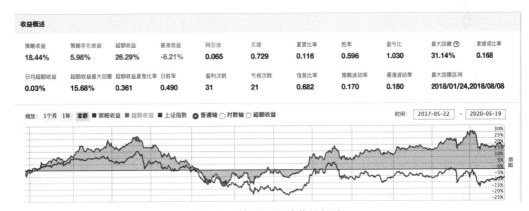

图 8.6　策略回测的收益概述

【**结果分析**】从图 8.6 中可以看到，经过决策树模型遴选出的因子，再加上随机森林模型的选股，我们的策略收益与第 7 章中使用线性模型的策略相比，略微提高了一些——累计收益率达到了 18.44%，年化收益率达到了 5.98%。不过需要注意的是，这个策略的最大回撤更高了一些，超过了 30%——这比第 7 章的策略还要更高一些。可以说，使用两个不同算法模型编写的交易策略，算是各有千秋了。

8.4　小结

在本章中，我们启用了决策树的"隐藏功能"——自动判断样本特征的重要性。通过模型对特征重要性的判断，我们筛选出了一些重要特征，并根据这些特征使用随机森林模型，遴选出价值可能被低估的股票且编写了交易策略。当然，策略回测的结果其实仍然不能让小瓦满意——收益并没有显著提高，反而使最大回撤变大了。这里我们不妨思考这样一个问题：因子的重要程度会不会在不同的时期发生变化呢？换句话说，有些因子是否会在某个时间失效呢？带着这样的问题，我们开始下一章的研究吧！

第 9 章 因子遇到支持向量机

在第 8 章中，我们和小瓦一起尝试了使用决策树来判断因子的重要性，并使用模型挑选出的诸多因子训练了随机森林模型，又根据随机森林的预测编写了策略，最终实现了 5.98% 的年化收益率，比第 7 章中 5.55% 的年化收益率稍微高了一点。然而，这远没有达到小瓦的预期，而且策略的最大回撤还是有点儿大。因此，在本章中，我们继续尝试新的因子和算法，进一步改进策略。

本章的主要内容如下。

● 支持向量机的原理和使用方法。

● 使用模型选择动态因子。

● 编写动态因子结合支持向量机的交易策略。

● 对策略进行回测。

● 根据策略进行模拟交易。

9.1 什么是支持向量机

在机器学习领域，支持向量机（Support Vector Machine，SVM）也曾是红极一时的算法。与决策树类似的是，支持向量机也可以用于解决非线性的问题。如果用语言来描述，其原理有一些复杂、生涩，下面我们还是用更直观的方式来帮助小瓦理解什么是支持向量机。

9.1.1 支持向量机的基本原理

我们先来说说支持向量机里的"支持"和"向量"是什么意思。拿分类任务来举例：模型要能够将样本根据特征归纳至不同的类别，就会有一个区分的"边界"。而支持模型找到这个"边界"的向量就是支持向量。我们可以用图像来进一步理解，输入代码如下：

```python
#先导入要用的库
import numpy as np
import matplotlib.pyplot as plt
#导入支持向量机分类模型
from sklearn import svm
#这里我们用scikit-learn自带的样本生成工具
from sklearn.datasets import make_blobs
#生成50个样本，分成2个类
#注意cluster_std设为1，使两类样本比较容易区分
X, y = make_blobs(n_samples=50, centers=2, random_state=6,cluster_
std=1)
#创建SVC实例，选择线性内核
#正则化参数设置大一点，为1000
clf = svm.SVC(kernel='linear', C=1000)
#拟合样本数据
clf.fit(X, y)
#下面来画图，首先用散点图来绘制样本
plt.scatter(X[:, 0], X[:, 1], c=y, s=30, cmap=plt.cm.Paired)
#然后找到样本的上下限
ax = plt.gca()
xlim = ax.get_xlim()
ylim = ax.get_ylim()
#在画布中创建网格，以便绘制决策边界
xx = np.linspace(xlim[0], xlim[1], 30)
yy = np.linspace(ylim[0], ylim[1], 30)
YY, XX = np.meshgrid(yy, xx)
xy = np.vstack([XX.ravel(),YY.ravel()]).T
Z = clf.decision_function(xy).reshape(XX.shape)
#绘制决策边界
ax.contour(XX, YY, Z, colors='k',levels=[-1, 0, 1], alpha=0.5,
           linestyles=['--', '-', '--'])
#找出支持向量
ax.scatter(clf.support_vectors_[:,0], clf.support_vectors_[:,1], s=100,
           linewidth=1, facecolors='none', edgecolors='k')
#显示图像
plt.show()
```

运行代码，可以得到如图 9.1 所示的结果。

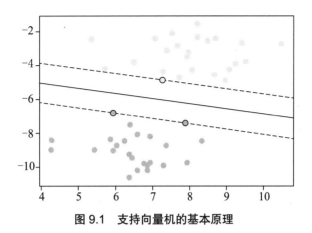

图 9.1 支持向量机的基本原理

【**结果分析**】图 9.1 很清晰地展示了支持向量的概念——在 50 个样本中，有 3 个样本被选了出来（图 9.1 中黑色圆圈圈中的点）。这 3 个样本，作为支持模型进行分类的向量，帮助模型找到了决策边界（图 9.1 中的黑色实线）。这就是"支持向量机"名称的由来。

9.1.2 线性内核有时"很着急"

看到这里，小瓦就产生了这样一个问题：从图 9.1 来看，支持向量机和线性模型的样子很像啊！那二者有什么区别呢？

确实，因为我们在这里设置了支持向量机的内核为线性（linear），所以模型表现出来的样子就与线性模型非常接近了。不过，假设样本的分布不像图 9.1 中那样可以用一条直线来分割的话，恐怕线性内核的支持向量机就会表现差一些了，如下面这段代码所展示的：

```
#重新生成数据，这次把cluster_std增加到5
X, y = make_blobs(n_samples=50, centers=2, random_state=6,cluster_
std=5)
#下面的代码不变
clf = svm.SVC(kernel='linear', C=1000)
#拟合样本数据
clf.fit(X, y)
#下面来画图，首先用散点图来绘制样本
plt.scatter(X[:, 0], X[:, 1], c=y, s=30, cmap=plt.cm.Paired)
#然后找到样本的上下限
ax = plt.gca()
xlim = ax.get_xlim()
ylim = ax.get_ylim()
```

```
#在画布中创建网格，以便绘制决策边界
xx = np.linspace(xlim[0], xlim[1], 30)
yy = np.linspace(ylim[0], ylim[1], 30)
YY, XX = np.meshgrid(yy, xx)
xy = np.vstack([XX.ravel(), YY.ravel()]).T
Z = clf.decision_function(xy).reshape(XX.shape)
#绘制决策边界
ax.contour(XX, YY, Z, colors='k', levels=[-1, 0, 1], alpha=0.5,
           linestyles=['--', '-', '--'])
#找出支持向量
ax.scatter(clf.support_vectors_[:,0], clf.support_vectors_[:,1], s=100,
           linewidth=1, facecolors='none', edgecolors='k')
#显示图像
plt.show()
```

运行代码，可以得到如图 9.2 所示的结果。

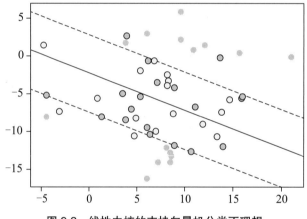

图 9.2　线性内核的支持向量机分类不理想

【结果分析】从图 9.2 中可以看到，当我们把 cluster_std 的值增加到 5 的时候，虽然线性内核的支持向量机能够做出分类预测，但是正确率下降了很多——很多样本的分类都是错误的。这也是线性内核的局限性所在。

9.1.3　RBF内核"闪亮登场"

遇到图 9.2 中的情况时，恐怕使用线性模型就很难把模型准确率进一步提高了。不过这难不住支持向量机，因为它还有一个"黑科技"——RBF 内核。

RBF 内核全称是径向基内核（Radial Basis Function），它是利用样本在空间中的欧氏距离来判断样本是否处于同一个分类当中。因此，我们只要控制径向基内核的距离参数，就能够调节模型的拟合度。下面用代码直观地展示一下，相信大家就会有更清晰的体会。

```
#在创建一个支持向量机实例
#这次把kernel设置为rbf
clf2 = svm.SVC(kernel='rbf', C=1000)
#拟合数据
clf2.fit(X, y)
#画图的部分
plt.scatter(X[:, 0], X[:, 1], c=y, s=30, cmap=plt.cm.Paired)
ax = plt.gca()
xlim = ax.get_xlim()
ylim = ax.get_ylim()
Z2 = clf2.decision_function(xy).reshape(XX.shape)
ax.contour(XX, YY, Z2, colors='k', levels=[-1, 0, 1], alpha=0.5,
           linestyles=['--', '-', '--'])
ax.scatter(clf2.support_vectors_[:, 0], clf2.support_vectors_[:, 1],
s=100,
           linewidth=1, facecolors='none', edgecolors='k')
plt.show()
```

运行代码，可以得到如图 9.3 所示的结果。

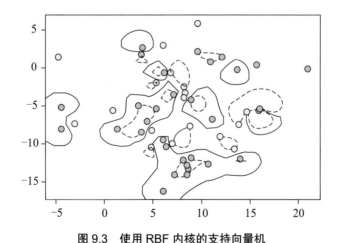

图 9.3 使用 RBF 内核的支持向量机

【**结果分析**】从图 9.3 中可以看到，RBF 内核的支持向量机与线性内核的支持向量机相比，简直是"判若两机"——它不再是用一条直线去尝试将样本进行分类，而是根据不同类别样本的距离，在空间中划分出若干个"区域"，然后把处于不同区域的样本放入对应的类别中。

这样来看，支持向量机还是很厉害的，但究竟是否能够帮小瓦赚到钱，恐怕还要找到合适的因子才行。

9.2 动态因子选择策略

说完了算法，再来说因子。在第 7 章和第 8 章中，我们使用机器学习算法和多因子做的策略虽然年化收益都不高，但如果读者朋友认真观察的话，就会发现"拖累"整体收益的，大致是在 2018 年 1 月到 10 月这段时间，也正好是最大回撤的时间范围。这说明在这段时间当中，我们选择的因子可能是失效了。基于这种情况，小瓦问了这样一个问题：在我们的策略中，有没有可能设计一种机制，即能够在每次运行时，自动判断因子的重要性，再选出重要的因子来训练模型呢？换句话说，就是不要人为地选定因子，而是让机器动态地选择因子。下面我们就来探索一下这个可能性。

9.2.1 设置回测环境

在第 8 章中，我们已经探索了如何使用决策树算法计算特征重要性。这次我们就直接在回测环境中修改代码，尝试让策略每次启动都自动判断哪些特征最重要。先设置好相关的函数，在回测环境中输入以下代码。

注意：以下代码需要在回测环境中使用！

```
#导入需要用到的库
from jqlib.technical_analysis import *
import pandas as pd
import numpy as np
from sklearn.svm import SVR
from sklearn.tree import DecisionTreeClassifier
import jqdata
import datetime
```

这里的代码与第 8 章基本相同，只是我们后面会用到支持向量机来做回归分析，因此导入的是 SVR，而不是随机森林了。接下来我们初始化 context 函数和一些相关的参数等。输入代码如下：

```
#初始化context函数
def initialize(context):
    #下面的代码与第8章基本一致
    set_params()
    set_backtest()
    set_variables()
#设置运行的参数
def set_params():
    #调仓的频率
    g.tc=10
    #最大持股数量
    g.stocknum = 5
    #初始收益率
    g.ret=-0.05
#设置回测的参数
def set_backtest():
    #基准为上证指数
    set_benchmark('000001.XSHG')
    #使用真实价格
    set_option('use_real_price', True)
    #设置日志级别
    log.set_level('order', 'error')
#设置相关变量
def set_variables():
    #初始的天数为0
    g.days = 0
    #初始的交易状态是False，即不交易
    g.if_trade = False
```

这部分代码与第 8 章的基本是相同的，主要是将回测环境中要用到的一些参数和变量设置好。接下来我们就可以进行下一步的工作了。

9.2.2　开盘前准备

与第 8 章相同，我们也要定义一下每日开盘前做的事情。先要判断当日是否是调仓日，如果是调仓日，则要运行计算滑点及手续费的函数，挑选可交易股票的函数。输入代码如下：

```
#定义开盘之前需要做的事
def before_trading_start(context):
    #如果是调仓日
    if g.days%g.tc==0:
        #则交易状态改为True
        g.if_trade=True
        #运行滑点与手续费计算函数
        set_slip_fee(context)
        #初始股票池：沪深300
        g.stocks=get_index_stocks('000300.XSHG')
        #设置可供交易的股票池
        g.feasible_stocks = set_feasible_stocks(g.stocks,context)
    #计数加1
    g.days+=1
```

下面的代码是用来设置可交易股票池和滑点及手续费的。

```
#设置可交易股票池
def set_feasible_stocks(initial_stocks,context):
    #获取是否停牌的信息并排除停牌的股票
    paused_info = []
    current_data = get_current_data()
    for i in initial_stocks:
        paused_info.append(current_data[i].paused)
    df_paused_info = pd.DataFrame({'paused_info':paused_info},index =
initial_stocks)
    stock_list =list(df_paused_info.index[df_paused_info.paused_info ==
False])
    return stock_list
#设置滑点与手续费
def set_slip_fee(context):
    #滑点设置为0
    set_slippage(FixedSlippage(0))
    #设置手续费
    set_commission(PerTrade(buy_cost=0.003, sell_cost=0.004, min_
cost=5))
```

到这里，回测中每天开盘前要做的事情就都设置完成了，接下来我们开展下一步的
工作。

9.2.3　机器学习的部分

在准备工作完成后，我们就可以写机器学习部分的代码了。输入代码如下：

```
#回测
def handle_data(context,data):
    #下面的代码与第8章也是基本一致的
    if g.if_trade == True:
        list_to_buy = stocks_to_buy(context)
        list_to_sell = stocks_to_sell(context, list_to_buy)
        sell_operation(list_to_sell)
        buy_operation(context, list_to_buy)
    g.if_trade = False
```

下面这一部分与第 8 章中的策略就有一些区别了——我们并不是固定好因子去训练模型，而是在每次运行时，都要先用决策树模型计算出特征重要性，这样就可以动态地进行因子选择了。输入代码如下：

```
#定义机器学习的函数
def get_svr(context,stock_list):
    #加载一些基本面因子数据
    q = query(valuation.code,valuation.market_cap,balance.total_current_assets-
        balance.total_current_liability,
        balance.total_liability- balance.total_assets,balance.total_
liability/balance.equities_parent_company_owners,
        (balance.total_assets-balance.total_current_assets)/balance.total_
assets,
        balance.equities_parent_company_owners/balance.total_assets,
        indicator.inc_total_revenue_year_on_year,valuation.turnover_ratio,
valuation.pe_ratio,valuation.pb_ratio,valuation.ps_ratio,indicator.roa)
        .filter(valuation.code.in_(stock_list))
    df = get_fundamentals(q, date = None)
    #把这些因子放入数据表中
        df.columns = ['code','市值','净营运资本','净债务','产权比率','非流动资产比率','股东
                权益比率','营收增长率','换手率','PE','PB','PS','总资产收益率']
    df.index = df.code.values
    del df['code']
    #这里开始与第8章的代码有所不同
    #我们使用回测当日的日期来计算几个主要时间点
    start= context.current_dt
    delta50= datetime.timedelta(days=50)
    delta1= datetime.timedelta(days=1)
    today=start-delta1
```

```
preday=start-delta50
#获得最新的技术因子
df['动量线']=list(MIM(df.index, today, timeperiod=10, unit ='1d', include_now = True,
            fq_ref_date = None).values())
 df['成交量']=list(VOL(df.index, today, M1=10 ,unit = '1d', include_now = True,
            fq_ref_date = None)[0].values())
df['累计能量线']=list(OBV(df.index,check_date=today,timeperiod=10).values())
 df['资金流量指标']=list(MFI(df.index, today, timeperiod=10, unit = '1d',
            include_now = True, fq_ref_date = None).values())
df['平均差']=list(DMA(df.index, today, N1 = 10, unit = '1d',
            include_now = True, fq_ref_date = None)[0].values())
 df['指数移动平均']=list(EMA(df.index, today, timeperiod=10, unit = '1d',
            include_now = True, fq_ref_date = None).values())
  df['移动平均']=list(MA(df.index, today, timeperiod=10, unit = '1d',
            include_now = True, fq_ref_date = None).values())
  df['乖离率']=list(BIAS(df.index,today, N1=10, unit ='1d', include_now = True,
            fq_ref_date = None)[0].values())
df.fillna(0,inplace=True)
df['close1']=get_price(stock_list, start_date=today,
            end_date=today, fq='pre',panel=False)['close'].T
df['close2']=get_price(stock_list, start_date=preday,
            end_date=preday, fq='pre',panel=False)['close'].T
#用不同的收盘价计算出50天以来的收益
df['return']=df['close1']/df['close2']-1
#给出分类标签
df['signal']=np.where(df['return']<df['return'].mean(),0,1)
#将数据分为特征与标签
x=df.drop(['cloes1','close2','return','signal'])
y=df[['signal']]
x=x.fillna(0)
y=y.fillna(0)
#训练决策树模型
tree=DecisionTreeClassifier()
tree.fit(x,y)
model_cs=pd.DataFrame({'feature':list(x.columns),'importance':tree.feature_
        importances_}).sort_values('importance',ascending=False)
#选出重要性最高的5个特征
features=model_cs['feature'][:5]
df2=df[features]
df2['市值']=df['市值']
#使用这些特征来训练支持向量机
X=df[features]
Y=df['市值']
X=X.fillna(0)
Y=Y.fillna(0)
svr = SVR ()
model = svr.fit(X, Y)
```

```
#通过训练好的支持向量机模型
#找到市值与模型估值的差，并作为新的因子进行返回
factor = Y - pd.DataFrame(svr.predict(X), index = Y.index, columns
= ['市值'])
factor = factor.sort_values(by = '市值')
return factor
```

到这里，我们就设置每次回测都要先用决策树判断哪些因子更重要，并使用重要性排前 5 的因子来训练支持向量机模型。这段代码会返回模型的计算结果，以供我们进行买入和卖出。

9.2.4 买入和卖出的操作

接下来，我们要利用模型返回的结果来选择买入或卖出的股票了。下面的代码在第 8 章中也使用过，读者朋友作为一个复习也好。

```
#生成买入股票列表
def stocks_to_buy(context):
    list_to_buy=[]
    day1=context.current_dt
    day2= day1-datetime.timedelta(days=5)
    hs300_clos=get_price('000300.XSHG',day2,day1 , fq='pre')['close']
    hs300_ret=hs300_clos[-1]/hs300_clos[0]-1
    if hs300_ret>g.ret:
        factor = get_svr(context, g.feasible_stocks)
        list_to_buy = list(factor.index[:g.stocknum])
    else:
        pass
    return list_to_buy

#生成卖出股票列表
def stocks_to_sell(context, list_to_buy):
    list_to_sell=[]
    day1=context.current_dt
    day2= day1-datetime.timedelta(days=5)
    hs300_clos=get_price('000300.XSHG',day2,day1 , fq='pre')['close']
    hs300_ret=hs300_clos[-1]/hs300_clos[0]-1
    for stock_sell in context.portfolio.positions:
        if hs300_ret<=g.ret:
            list_to_sell.append(stock_sell)
        else:
            if. context.portfolio.positions[stock_sell].price/context.portfolio.
```

```
                positions[stock_sell].avg_cost<0.95\or stock_sell not in list_to_buy:
                    list_to_sell.append(stock_sell)
        return list_to_sell
```

在上面的代码中，我们利用模型返回的结果生成了买入股票列表和卖出股票列表，接下来就可以执行买入操作和卖出操作了。输入代码如下：

```
# 执行买入操作
def buy_operation(context,list_to_buy):
    if len(context.portfolio.positions) < g.stocknum:
        num = g.stocknum - len(context.portfolio.positions)
        cash = context.portfolio.cash/num
    else:
        cash = 0
        num = 0
    for stock_sell in list_to_buy[:num+1]:
            order_target_value(stock_sell, cash)
            num = num - 1
            if num == 0:
                    break
    else:
        pass
# 执行卖出操作
def sell_operation(list_to_sell):
    for stock_sell in list_to_sell:
        order_target_value(stock_sell, 0)
```

在上面这段代码中，我们分别定义了买入操作和卖出操作。这段代码与第 8 章是基本一致的。读者朋友多动手试几次，就会非常熟练了。

9.3 策略的回测详情

在 9.2 节中，我们编写了一个动态选择因子并利用支持向量机模型选股的策略。现在我们就可以进行回测，来测试一下这个策略的效果如何。回测的条件还是保持与第 7 章、第 8 章相同，以便于进行策略收益的对比。究竟策略如何，我们马上揭晓！

9.3.1 策略收益概述

这里我们仍然选择近一年的时间范围来进行回测——从 2019 年 3 月 6 日到 2020 年 3 月 5 日，初始资金仍然是 10 万元，如图 9.4 所示。

图 9.4 设置回测的条件

单击"运行回测"按钮，稍等几分钟，就可以看到结果了。首先是收益概述，如图 9.5 所示。

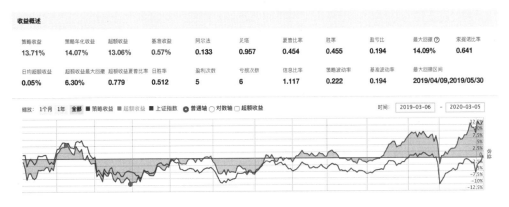

图 9.5 策略收益概述

【结果分析】从图 9.5 中可以看到，使用决策树模型动态选择因子，并训练支持向量机模型来进行选股，最终获得了 13.71% 的收益，年化收益率达到了 14.07%。与基准收益率相比，超额收益率是 13.06%。这里我们还可以看到，策略的阿尔法值是 0.133、贝塔值是 0.957、夏普比率为 0.454。总体来看，策略的表现算不上优秀，也就是一般而已。

9.3.2 策略交易详情

从第 7 章开始，一直到本章，我们都对策略进行了完整的回测。这时小瓦就要问了：我们能否知道，策略都买了哪些股票、卖了哪些股票呢？每次买了多少，以及卖掉多少呢？这很简单，只要单击回测详情页面左边导航栏中的"交易详情"按钮就可以了，如图 9.6 所示。

图 9.6　导航栏中的"交易详情"按钮

单击"交易详情"按钮之后，我们就可以在右侧页面中看到策略买卖了哪些股票，以及买卖的数量、日期、成交数量等信息了，如图 9.7 所示。

交易详情

☐ 品种　☑ 交易类型　☑ 下单类型　☑ 成交数量　☑ 成交价　☑ 成交额　☐ 委托数量　☐ 委托价格　☐ 状态　☑ 平仓盈亏　☑ 手续费　☐ 最后更新时间

日期 ⇕	委托时间	标的	交易类型	下单类型	成交数量
2019-03-06	09:30:00	▓▓▓(000001.XSHE)	买	市价单	1500股
2019-03-06	09:30:00	▓▓▓(000002.XSHE)	买	市价单	600股
2019-03-06	09:30:00	▓▓▓(000063.XSHE)	买	市价单	600股
2019-03-06	09:30:00	▓▓▓(000069.XSHE)	买	市价单	2700股
2019-03-06	09:30:00	▓▓▓(000100.XSHE)	买	市价单	5000股

图 9.7　策略交易详情（部分）

【结果分析】从图 9.7 中，我们可以看到策略所做的交易信息。以 2019 年 3 月 6 日为例，基于策略买进了 5 只股票。买入 000001 的数量是 1500 股，"下单类型"是"市价单"。

如果我们把页面向左滑动，还可以看到更多的信息，如图 9.8 所示。

交易详情

☐ 品种　☐ 交易类型　☐ 下单类型　☐ 成交数量　☑ 成交价　☑ 成交额　☐ 委托数量　☐ 委托价格　☐ 状态　☑ 平仓盈亏　☑ 手续费　☐ 最后更新时间

	委托时间	标的	成交价	成交额	平仓盈亏	手续费
6	09:30:00	▓▓▓(000001.XSHE)	13.07	19,605.00	0.00	5.88
6	09:30:00	▓▓▓(000002.XSHE)	30.12	18,072.00	0.00	5.42
6	09:30:00	▓▓▓(000063.XSHE)	32.44	19,464.00	0.00	5.84
6	09:30:00	▓▓▓(000069.XSHE)	7.27	19,629.00	0.00	5.89
6	09:30:00	▓▓▓(000100.XSHE)	4.01	20,050.00	0.00	6.02

图 9.8　更多交易详情信息

【**结果分析**】在图 9.8 中，我们还可以看到关于策略交易的更多信息，包括成交价、成交额、平仓盈亏和手续费。以 000001 为例：2019 年 3 月 6 日，策略以每股 13.07 元的价格买入近 2 万元。因为这一天只是建仓，所以没有平仓盈亏。这一笔交易的手续费是 5.88 元。

9.3.3　持仓和收益详情

除了策略的交易详情之外，我们还可以查看策略每日的持仓和收益情况，只要单击导航栏中的"每日持仓 & 收益"按钮即可，如图 9.9 所示。

图 9.9　"每日持仓 & 收益"按钮

单击图 9.9 中的"每日持仓 & 收益"按钮之后，我们就可以在右侧页面看到策略持仓和收益的详情了，如图 9.10 所示。

持仓&收益

☐ 品种　☐ 多空　☑ 数量　☐ 可用数量　☑ 收盘价/结算价　☑ 市值/价值　☑ 盈亏/逐笔浮盈　☐ 开仓均价　☐ 持仓均价(期货)　☐ 保证金　☐ 当日盈亏　☐ 今手数
☐ 仓位占比　☐ 盈亏占比

标的 ⇅	数量	收盘价/结算价	市值/价值	盈亏/逐笔浮盈
2019-03-06				
▓▓▓(000001.XSHE)	1500股	13.08	19 620.00	15.00
▓▓▓(000069.XSHE)	2700股	7.24	19 548.00	-81.00
▓▓▓(000063.XSHE)	600股	31.30	18 780.00	-684.00
▓▓▓(000002.XSHE)	600股	29.48	17 688.00	-384.00
▓▓▓(000100.XSHE)	5000股	4.02	20 100.00	50.00
Cash			3 150.95	0.00
		总共:98 886.95		-1 084.00

图 9.10　2019 年 3 月 6 日策略持仓和收益情况

【结果分析】从图9.10中可以看到,我们编写的策略在2019年3月6日持仓5只股票(也就是当日建仓的5只)。在这一天中,我们持有000001号股票1500股,当天收盘价是13.08元;持有这只股票的市值在当日一共是19620元,给我们带来的浮盈是15元。而对于000063这只股票,我们持有600股,该股当日的收盘价是31.3元,当日的总市值是18780元,但持有这只股票让我们的浮亏达到684元。

从2019年3月6日来看,我们持有的股票有盈有亏。总体是浮亏的状态,总的亏损金额达到1084元。那么策略会如何调整持仓呢?我们继续往下看,如图9.11所示。

2019-04-09				
(000001.XSHE)	1500股	13.81	20 715.00	1 145.62
(000069.XSHE)	2700股	8.99	24 273.00	4 644.00
(000002.XSHE)	600股	33.48	20 088.00	2 016.00
(000100.XSHE)	5000股	4.05	20 250.00	200.00
Cash			20 515.40	0.00
			总共:105 841.40	8 005.62

图 9.11　2019 年 4 月 9 日的持仓和收益

【结果分析】从图9.11中可以看到,在2019年4月9日这一天,策略的持仓发生了变化。000063这只"赔钱货"已经不在持仓列表中了。当日持仓的股票只有4只,且每一支都是浮盈的状态。尤其是000069这只股票带来了4644元的盈利,整体的浮盈也达到了8005.62元。

注意:页面只显示1000条持仓和收益的记录,如果要查看全部记录,可以把页面拉到最底端,将记录导出后查看。

9.4　使用策略进行模拟交易

虽然策略还不能让小瓦非常满意,但她仍然想知道:如何让策略真正帮助到交易呢?在这里,我们给小瓦的建议是,先用策略进行模拟交易,看看交易的表现如何。如果策略表现不错,则小瓦可以进行"跟单",也就是把模型买入并持仓的股票使用自己的实盘账户买入;如果模型把某只股票清仓,则小瓦也可以在自己的实盘账户将股票卖出。

9.4.1 模拟交易

要进行模拟交易也是非常简单的，只要在回测详情页面中单击"模拟交易"按钮即可，如图 9.12 所示。

图 9.12 回测详情页面的"模拟交易"按钮

单击"模拟交易"按钮之后，会弹出一个"新建模拟交易"窗口。在这里，我们设置名称、初始资金、运行频率、开始日期等，如图 9.13 所示。

图 9.13 对模拟交易进行设置

这里，我们把"交易名称"设置为"第 9 章 – 回测 – 模拟交易"，"初始资金"设置为 10 万元，"运行频率"设置为"每天"，"开始日期"设置为 2020 年的 6 月 1 日。在完成这些设置之后，单击"确定"按钮，就完成了模拟交易的添加。

9.4.2　查看模拟交易详情

如果读者朋友有多个模拟交易，可以通过单击导航条中"策略研究"→"模拟交易"按钮来查看相关信息，如图 9.14 所示。

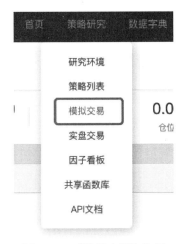

图 9.14　"模拟交易"按钮

单击"模拟交易"按钮之后，我们就可以看到模拟交易列表，如图 9.15 所示。

图 9.15　模拟交易列表

在图 9.15 中可以看到，我们添加的"第 9 章 – 回测"已经出现在列表中，其运行频率是"每天"，目前的状态是"延时进行中"。这里的意思是，策略的数据会在当日收盘之后进行更新。

这里只要单击模拟交易列表中模拟交易的名称，就可以看到收益、持仓和下单的详情，如图 9.16 所示。

图 9.16　模拟交易的详情页面

在图 9.16 中，我们可以看到模拟交易的收益概述。在决策树与支持向量机两大机器学习模型的"加持"下，模拟交易运行 2 天就取得了 4.92% 的收益，年化收益率达到了令人瞠目结舌的 40342.61%！而夏普比率也高达 78122.518。当然，这是因为这两天正好赶上大盘普涨，并不是说小瓦真的可以在一年中有超过 400 倍的收益。

9.4.3　模拟交易的持仓与下单

在模拟交易的概述页面，我们还可以看到策略持仓的情况，如图 9.17 所示。

标的	数量	现价	盈亏/逐笔浮盈
▓▓▓(000100.XSHE)	3800股	5.72	1710/8.54%
▓▓▓(000069.XSHE)	3400股	6.09	748/3.75%
▓▓▓(000063.XSHE)	500股	38.64	955/5.20%
▓▓▓(000002.XSHE)	700股	27.24	875/4.81%
▓▓▓(000001.XSHE)	1500股	13.55	660/3.36%

图 9.17　策略的持仓详情

在图 9.17 中，我们可以看到策略持仓了 5 只股票。以 000100 这只股票为例，策略持有 3800 股，该股的现价为 5.72 元，持仓这只股票的浮盈达到了 8.54%。

把页面继续向下滚动，我们可以看到策略交易详情，如图 9.18 所示。

交易详情(2020-06-01) 导出全部 历史下单: 2020-06-01

☐ 品种 ☑ 交易类型 ☑ 下单类型 ☑ 成交数量 ☑ 成交价 ☐ 委托数量 ☐ 委托价格 ☐ 状态 ☑ 成交额 ☑ 平仓盈亏 ☑ 手续费 ☐ 最后更新时间

日期	委托时间	标的	交易类型	下单类型	成交数量	成交价	成交额	平仓盈亏	手续费
2020-06-01	09:30:00	[illegible](000100.	买	市价单	3800股	5.27	20026	0	6.01
2020-06-01	09:30:00	[illegible](000069.	买	市价单	3400股	5.87	19958	0	5.99
2020-06-01	09:30:00	[illegible](000063	买	市价单	500股	36.73	18365	0	5.51
2020-06-01	09:30:00	[illegible](000002.XS	买	市价单	700股	25.99	18193	0	5.46
2020-06-01	09:30:00	[illegible](000001	买	市价单	1500股	13.11	19665	0	5.9

图 9.18 策略交易详情

从图 9.18 中可以看到，策略在 2020 年 6 月 1 日买入了 5 只股票，也就是目前仍在持仓的这些股票。因为我们设置了策略 5 天进行一次调仓，所以在 6 月 1 日至 6 月 3 日这段时间，策略是不会进行任何交易的。有了这个交易详情，小瓦就可以酌情进行跟单了——对于策略买入的股票，小瓦可以建仓；而对于策略卖出的股票，小瓦可以进行清仓操作。

9.5 小结

在本章中，我们介绍了支持向量机的基本原理和用法，并对策略进行了一些调整——这次我们没有指定训练模型的因子，而是使用决策树算法，在若干个因子中自动判断因子的重要性，并动态地选出重要性排前 5 的因子训练支持向量机模型。之后，我们结合模型的预测结果编写了策略，而且进行了回测。最后，我们基于该策略进行了模拟交易，便于小瓦能够“跟单”。截至本章，大家已经能够使用基本的机器学习算法和多因子方法进行策略的编写并将其应用在模拟交易当中了。不过我们不满足于此，在后面的章节中，将继续和小瓦一起研究更前沿的技术在量化交易当中的应用。

第 10 章 初识自然语言处理技术

在第 7 章、第 8 章和第 9 章中，我们分别使用了不同的机器学习算法和多因子方法编写了交易策略。经过回测，几个策略或多或少都能让小瓦有一定的收益。同时，我们使用量化平台的模拟交易功能，实现了让小瓦可以"跟单"买卖股票。不过说实话，这种机器学习加多因子的策略也不算是什么新鲜玩意儿了。从本章开始，咱们试试"新潮"的方法，看能不能让小瓦的投资收益进一步加大。

本章的主要内容如下。

- 自然语言处理技术在量化交易中的应用案例。
- 自然语言处理的基本概念和应用方向。
- 文本数据的获取和简单清洗。
- 对中文进行分词处理。
- 在文本数据中提取关键词。

10.1 我们的想法是否靠谱

一般来说，当我们要进行某项新的研究时，可以按照这样的思路来开展：首先，提出问题；其次，针对这个问题寻找一些前人的解决方案或成功案例；最后，基于这些方案或案例，由浅入深地开展研究。接下来我们就按照这个思路，进行新的研究。

10.1.1 思考几个问题

如果读者朋友多做一些策略并且回测的话，可能会和小瓦发现同样一个问题——无论使用什么因子和算法，都会在 2018 年 1 月至 10 月这段时间，遇到最大回撤。对时事新闻关注比较多的朋友应该还记得，在这段时间，中国股市由于受某些国际因素的影响而略显"萎靡不振"。这也使得绝大多数因子处于失效的状态。那么问题来了：

我们能不能让机器在危机爆发的初期就感知到"大事不妙"，及时抛出全部股票，从而躲过后面的大跌？

先别着急回答这个问题。我们先来思考这样一个现象——在本章写作时，我国正在建设"海南自贸港"，支持"地摊经济"，并大力发展"新能源汽车"产业，使得相关概念股票一路飘红。这不由得让人想到若干年前，"上海自贸区""天津自贸区""土地流转"等相关概念股在一波又一波的政策支持下，也是高歌猛进。相信抓到这些热点的股民也都赚到盆满钵满了。由此我们可以提出第 2 个问题：

我们能不能让机器从各类新闻与媒体报导中，找到对应某个行业或概念的重大利好，并迅速建仓，吃一波热点的红利？

不知道大家是否还记得 2007 年和 2015 年的股市——上证指数分别达到过 6124 点和5178 点，但随后出现断崖式大跌，网友戏称"天台都不够用了"。然而，在股灾来临之前的一段时间，全国股民都处于一种"不淡定"的状态——很多完全没有投资经验的大爷大妈都跑去开户，结果狠狠地当了一波"韭菜"。这也带出我们下面的问题：

假如机器可以捕捉到"韭菜"们积极主动"送人头"的疯狂情绪，并预判到"镰刀"即将落下，不就可以帮我们及时止盈平仓了吗？

当然，类似的问题，相信读者朋友们也可以提出很多。然而，这些问题是否有解决方案呢？这恐怕就需要我们认真研究一下了。

10.1.2　参考一下"大佬"们的做法

实际上，在金融领域，很多知名的机构一直在探索类似上述问题的解决方案。例如，对冲基金 Two Sigma 就使用了 NLP（Natural Language Procession，自然语言处理）技术中的 LDA 话题模型，分析美国联邦公开市场委员会（FOMC）历年会议记录的主题，根据不同主题比例的变化趋势来分析 FOMC 在不同时期对于美国经济及金融状况的主要观点和立场。

贝莱德集团与加利福尼亚大学伯克利分校共同开展了一项研究。该项研究的主要工作是通过从新闻标题中聚类出典型事件来分析各类事件对标准普尔 500 指数公司股价的正负影响及影响周期；在此基础上，运用组合投资方法来获取超额收益。研究人员选取了新闻标题而非新闻正文作为原始文本。主要原因在于，他们认为新闻正文包含了太多的噪声信息，尤其当新闻中引用过去的其他事件时，这会对提取结果造成很大误差，而新闻标题只会聚焦于文本的主题，相当于事前加了一层噪声过滤。

此外，在波兰克拉科夫举行的 2019 年秋季研讨会上，约 100 名投资专业人士和学者讨论了"利用机器学习和新技术进行投资"的问题。他们研究了 NLP 技术如何通过将语言转换为数据来帮助投资者简单有效地消化大量文本。例如，洛佩兹·拉里的论文《重要的风险因素：收益回报的横截面的文本分析》研究了风险因素是否能够比现有模型更好地解释公司的收益。他利用美国上市公司在 2005 年至 2018 年间提交的 10-K 年度报告中声明的风险，通过 lemmatization 技术简化了文本。然后，他构造了一个文档术语矩阵，并使用了 LDA 模型来生成 25 个主题。对于整个样本，保留了 2006 年报告的四个风险较高的主题，以避免数据挖掘中的"前瞻性偏差"。

对于上面这段文字中提到的某些概念和术语，可能有的读者朋友会有点"懵"，这是比较正常的。这里我们主要阐述的是，有些机构或学者已经在探索 NLP 技术在投资领域的应用了。读者朋友们看不太懂也不要担心，后面如果涉及相关的概念，我们还会做进一步讲解。

10.1.3　说了那么多，什么是NLP

在 10.1.2 节中，我们多次提到一个词——NLP。一些读者朋友或多或少会对 AI 领域的技术有一些了解，但大多数人和小瓦情况类似，对相关技术了解较少。因此，我们在这里简要地介绍一下 NLP 的基本概念。

NLP 是 Natural Language Processing 的缩写，翻译成中文就是"自然语言处理"。根据维基百科的定义：自然语言认知和理解是让计算机把输入的语言变成有意思的符号和关系，然后根据目的再处理。通俗地说，自然语言处理就是让计算机能够懂得我们人类的语言，并且能够帮助我们干活。

NLP 技术的起源大致要追溯到 20 世纪 50 年代。例如，在 1954 年，著名的"乔治城实验"就能够让机器自动将 60 句俄文翻译成英文。不过在 80 年代以前，多数 NLP 系统是以一套复杂、人工订制的规则为基础的。到了 80 年代末期，NLP 引进了机器学习的算法，使得 NLP 的发展进入了一个新的阶段。近年来，深度学习的快速崛起，也让 NLP 领域诞生了不少引人注目的成果。

NLP 的应用非常广泛。从文本朗读、语音合成、分词等基础应用，到词性标注、文本分类等进阶应用，再到诸如聊天机器人、对话系统等直接与人类进行交互的应用，背后都是 NLP 技术的加持。

圈里人说，NLP 是人工智能领域当中最难有建树的领域。这话一点儿不假。如果读者朋友唤醒你的手机语音助手或者家里的智能音箱，跟它聊聊天，就会知道"人工智障"这一绰号绝非"浪得虚名"。然而，根据笔者的观察，在一些专业领域（如医疗、法律等，当然还有我们主要研究的量化交易领域），NLP 倒是能帮上一些忙。这可能是因为在专业领域当中，文本数据更加规范，有利于机器从中提取有用的信息。

10.2　获取文本数据并简单清洗

既然"大佬"们都在研究 NLP 在这个领域的应用，那咱们是不是让小瓦也来试着做一做呢？万一哪天这个领域赶上了大风口，那起飞不就是分分钟的事了嘛！

说实话，NLP 确实不是一个容易的领域。不过万事开头难，相信只要我们可以开始动手操作，很多问题都会"迎刃而解"的。

10.2.1　获取新闻联播文本数据

要启动 NLP 的研究，我们首先要解决的问题是用什么数据，数据从哪里来？这里为了让小瓦的学习曲线不那么"陡峭"，我们尽量使用现成的数据。"聚宽"平台提供了一些舆情数据，正好能让小瓦练练手，如图 10.1 所示。

图 10.1 "聚宽"平台"数据字典"中的舆情数据

单击图 10.1 中的"舆情数据"链接，就可以看到具体的数据情况，包括雪球热度数据和新闻联播文本数据。鉴于雪球热度数据已经停止更新，这里我们使用新闻联播文本数据。

首先我们需要加载数据。输入代码如下：

```
#导入jqdata和datetime
from jqdata import *
import datetime
#使用timedelta计算出前一日的日期
yesterday = datetime.date.today() - datetime.timedelta(days=1)
#创建query，获取前一日的数据
q = query(finance.CCTV_NEWS).filter(finance.CCTV_NEWS.day==yesterday)
#执行query
news = finance.run_query(q)
#检查数据的前5行
news.head(5)
```

运行代码，会得到如表 10.1 所示的结果。

表 10.1 前一日的新闻联播文本数据

序号	id（编号）	day（日期）	title（标题）	content（正文）
0	86375	2020-06-08	【在习近平新时代中国特色社会主义思想指引下——育新机 开新局】创新求变天地宽	"努力在危机中育新机、于变局中开新局"，2020年全国"两会"上，习近平总书记对我国经济社会发……
1	86388	2020-06-08	世卫：全球新冠肺炎确诊病例超 688 万	根据世界卫生组织公布的数据，全球累计新冠肺炎确诊病例已经达到6881352例，死亡病……

序号	id（编号）	day（日期）	title（标题）	content（正文）
2	86374	2020-06-08	习近平同缅甸总统就中缅建交 70 周年互致贺电 李克强同缅甸国务资政互致贺电	6 月 8 日，国家主席习近平同缅甸总统温敏就中缅建交 70 周年互致贺电。
3	86378	2020-06-08	《人民日报》评论员文章：中国抗击疫情伟大斗争的真实叙事	今天（6 月 8 日）出版的《人民日报》发表评论员文章，题目是《中国抗击疫情伟大斗争的真实叙事……》
4	86382	2020-06-08	全国连续 10 天报告境外输入确诊病例	国家卫生健康委今天（6 月 8 日）通报，截至 6 月 7 日 24 时，31 个省（区、市）和新疆生产……

【结果分析】从表 10.1 中可以看到，平台返回了前一天的新闻联播文本数据，并且这些数据是以 DataFrame 形式存储的。接下来我们继续研究如何利用这些数据。

10.2.2　对文本数据进行简单清洗

既然现在已经可以很便利地获得新闻联播文本数据，下面我们就找一条关心的文本来看一看完整的正文是什么样子的。输入代码如下：

```
#通过指定行与列序号,
#可以查看某一条新闻的完整正文
text= news.iloc[13,3]
#显示文本
text
```

运行代码，可以得到以下结果：

'　　　　国务院新闻办今天（6月8日）举行发布会，邀请相关部委和海南省负责人介绍《海南自由贸易港建设总体方案》有关情况并答记者问。　　　\r\n　　　海南自由贸易试验区成立两年多来，先后有77项制度创新发布，其中许多是全国首创。两年来，新增市场主体超过44万户，比两年前增长66%，这些都为海南自由贸易港的建设奠定了基础。　　　\r\n　　　根据方案，2025年前将适时启动全岛封关运作。在此之前，率先对部分进口商品实施零关税，免征进口关税、进口环节增值税和消费税。此外，大幅放宽离岛免税购物政策，海南离岛免税购物限额提至每人每年10万元，进一步扩大免税商品种类。　　　\r\n　　　海南自由贸易港将实行"非禁即入"，对企业实行备案制、承诺制，承诺符合条件就可以开展业务。从现在开始到2025年，对符合条件的企业和个人减免所得税，对在海南自贸港工作的高端和紧缺人才，如果在海南岛内待满183天，个人所得税实际税负超过15%的那部分将免征。　　　\r\n　　　按照规划，海南自由贸易港将在2035年前全面实现贸易自由便利、投资自由便利、跨境资金流动自由便利、人员进出自由便利、运输来往自由便利和数据安全有序流动，推进建设高水平自由贸易港。　　　'

【结果分析】从上面的代码运行结果可以看到，平台返回了行序号 13、列序号 3（也就是 DataFrame 中的 content 列）。通过我们的肉眼观察，这条新闻的主要内容是国务院召开关于《海南自由贸易港建设总体方案》的新闻发布会，并回答记者的相关问题。这里我们注意到，文本中掺杂了一些空格，还有回车换行符（\r\n，r 代表 return，n 代表 newline）。为了避免这些无用字符影响分析结果，我们需要把它们去掉。

去掉这些无用字符是比较简单的，这里使用 replace 方法就可以。输入代码如下：

```
#去掉正文中的空格
text = text.replace(' ','')
#去掉回车换行符\r\n
text = text.replace('\r\n','')
#检查结果
text
```

运行代码，可以得到以下结果：

'国务院新闻办今天（6月8日）举行发布会，邀请相关部委和海南省负责人介绍《海南自由贸易港建设总体方案》有关情况并答记者问。海南自由贸易试验区成立两年多来，先后有77项制度创新发布，其中许多是全国首创。两年来，新增市场主体超过44万户，比两年前增长66%，这些都为海南自由贸易港的建设奠定了基础。根据方案，2025年前将适时启动全岛封关运作。在此之前，率先对部分进口商品实施零关税，免征进口关税、进口环节增值税和消费税。此外，大幅放宽离岛免税购物政策，海南离岛免税购物限额提至每人每年10万元，进一步扩大免税商品种类。海南自由贸易港将实行"非禁即入"，对企业实行备案制、承诺制，承诺符合条件就可以开展业务。从现在开始到2025年，对符合条件的企业和个人减免所得税，对在海南自贸港工作的高端和紧缺人才，如果在海南岛内待满183天，个人所得税实际税负超过15%的那部分将免征。按照规划，海南自由贸易港将在2035年前全面实现贸易自由便利、投资自由便利、跨境资金流动自由便利、人员进出自由便利、运输来往自由便利和数据安全有序流动，推进建设高水平自由贸易港。'

【结果分析】从代码运行结果中可以看到，原始文本中的空格和 \r\n 都不见了。数据更加"干净"，也更有利于我们进行进一步的分析了。

10.3　中文分词，"结巴"来帮忙

在自然语言处理领域，中文有一个很特殊的地方——词与词之间，不像英文会有空格作为天然的分隔。从机器学习的层面来讲，词是最小的语素。这样的话，我们就需要对中文文本进行分词处理。好消息是，用于对中文进行分词的工具——"结巴"分词工具给我们提供了很大的便利。

10.3.1　使用"结巴"进行分词

下面，我们就使用"结巴"分词工具对"清洗"好的文本数据进行分词处理。"聚宽"平台的研究环境已经集成了"结巴"分词工具，所以这里我们直接导入"结巴"分词工具并使用即可。输入代码如下：

```
#导入"结巴"分词工具
import jieba
#使用cut方法即可完成分词
words = jieba.cut(text)
#在词之间插入空格
words = ' '.join(words)
#检查结果
words
```

运行结果，可以得到如图 10.2 所示的结果。

Out[7]: '国务院新闻办 今天 （ 6月 8日 ） 举行 发布会 ， 邀请 相关 部委 和 海南省 负责人 介绍 《 海南 自由贸易 港 建设 总体方案 》 有关 情况 并 答记者问 。 海南 自由贸易 试验区 成立 两年 多来 ， 先后 有 77 项 制度 创新 发布 ， 其中 许多 是 全国 首创 。 两年 来 ， 新增 市场主 体 超过 44 万户 ， 比 两年 前 增长 66% ， 这些 都 为 海南 自由贸易港 的 建设 奠定 了 基础 。 根据 方案 ， 2025 年前 将 适时 启动 全 岛 封关 运作 。 在此之前 ， 率先 对 部分 进口商品 实施 零关税 ， 免征 进口关税 、 进口 环节 增值税 和 消费税 。 此外 ， 大幅 放宽 离岛 免税 购物 政策 ， 海南 离岛 免税 购物 限额 提至 每人每年 10 万元 ， 进一步 扩大 免税 商品种类 。 海南 自由贸易 港 将 实行 " 非禁 即入 " ， 对 企业 实行 备案制 、 承诺制 ， 承诺 符合条件 就 可以 开展业务 。 从 现在 开始 到 2025 年 ， 对 符合条件 的 企业 和 个人 减免 所得税 ， 对 在 海南 自贸港 工作 的 高端 和 紧缺 人才 ， 如果 在 海南岛 内待 满 183 天 ， 个人所得税 实际 税负 超过 15% 的 那 部分 将 免征 。 按照 规划 ， 海南 自由贸易 港 将 在 2035 年前 全面实现 贸易 自由 便利 、 投资 自由 便利 、 跨境 资金 流动 自由 便利 、 人员 进 出 自由 便利 、 运输 来往 自由 便利 和 数据安全 有序 流动 ， 推进 建设 高水平 自由贸易 港 。'

图 10.2　"结巴"分词结果

【结果分析】从图 10.2 可以看到，"结巴"分词工具对一整段文本数据进行了分词处理。词与词之间以空格分隔。值得一提的是，"结巴"分词工具还是比较智能的——它可以识别大部分实体。例如，"结巴"分词工具识别出"国务院新闻办"是一个实体，而没有将它拆分成"国务院"和"新闻办"两个词。

10.3.2　使用"结巴"进行列表分词

在 10.3.1 节中，我们使用"结巴"分词工具对一整段文本进行了分词处理。这样返回的结果仍然是一个字符串类型的数据。不过有的时候，我们希望分词的结果是一个列表。为了达到这个目的，我们可以使用"结巴"分词工具中的 lcut 来进行分词。输入代码如下：

```
#使用lcut将文本分词保存为列表
word_list = jieba.lcut(text)
#检查列表的前30个元素
word_list[:30]
```

运行代码，可以得到如图 10.3 所示的结果：

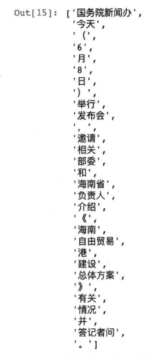

```
Out[15]: ['国务院新闻办',
         '今天',
         '（',
         '6',
         '月',
         '8',
         '日',
         '）',
         '举行',
         '发布会',
         '，',
         '邀请',
         '相关',
         '部委',
         '和',
         '海南省',
         '负责人',
         '介绍',
         '《',
         '海南',
         '自由贸易',
         '港',
         '建设',
         '总体方案',
         '》',
         '有关',
         '情况',
         '并',
         '答记者问',
         '。']
```

图 10.3　使用"结巴"进行列表分词

【结果分析】从图 10.3 中可以看到，使用 lcut，可以对同一条文本数据进行分词，并将分词结果保存为一个列表。这里限于篇幅，我们只展示了列表的前 30 个元素。不过这里有一个问题——列表中有大量的标点符号，以及一些诸如"和""并"等没有什么实际意义的词。看来我们还需要把这些词和标点符号去掉。

10.3.3　建立停用词表

无论是在中文，还是英文，抑或是其他语种中，都存在一些诸如语气助词、介词、连接词等词。中文中比较常见的有"的""和""与"等。英文中则有 a、the、in、on 等。

在这里，我们统一称这些词为停用词。在处理文本数据的时候，这些停用词可以被看作噪声数据，需要被去除。

去除停用词的方法比较简单，首先我们需要建立一个停用词表。读者朋友直接通过搜索引擎搜索"停用词表"，就可以得到很多结果。

通过搜索"停用词表"这个关键词，搜索引擎返回了若干结果。读者朋友可以根据自己的喜好选择某一个结果，并将其下载到本地，保存为 TXT 文档即可。

这里我们选择的是有 1893 个停用词的版本。将其保存到本地后，我们可以打开这个文件看一下它长什么样子，如图 10.4 所示。

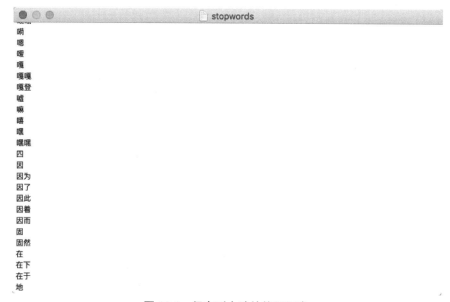

图 10.4　保存到本地的停用词表

从图 10.4 中可以看到，在我们保存在本地的 TXT 文件中，每个停用词是单独的一行，其中包括诸如"嗬""嗯""嘎""因为""固然"等。接下来，我们就要利用这个停用词表来让我们的文本数据更加整洁。

10.3.4　去掉文本中的停用词

准备好停用词表之后，我们就可以着手去除停用词的工作了。首先，我们要做的事情是把本地的停用词表文件上传到量化交易平台的研究环境中，如图 10.5 所示。

图 10.5　向研究环境上传文件

单击图 10.5 中的"上传"按钮后，会弹出一个文件选择框。在这里，我们选择要上传的文件并打开即可，如图 10.6 所示。

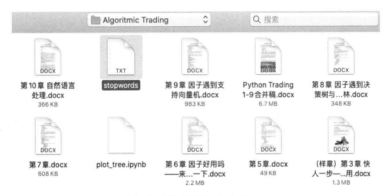

图 10.6　选择本地的停用词表文件 stopwords.txt

完成上传以后，我们可以看到，平台的研究环境中出现了我们上传的 stopwords.txt 文件，如图 10.7 所示。

- 第10章-研究.ipynb
- 第4章.ipynb
- 第5章.ipynb
- 第6章.ipynb
- 第7章-研究.ipynb
- 第8章-研究.ipynb
- 第9章-研究.ipynb
- stopwords.txt

图 10.7　停用词表上传成功

现在我们已经有了停用词表，下面就来进行停用词的去除工作。输入代码如下：

```
#首先创建一个空字符串
word = ''
#逐行读取停用词表，并按行分隔后，将结果存入列表
stopwords = [line.strip() for line in open('stopwords.txt',encoding='UTF-8').
readlines()]
#对于原文本中的元素
for element in words:
    #如果其不在停用词表中
    if element not in stopwords:
            #就将其添加到我们创建的空字符串中
            word += element
#检查一下结果
word
```

运行代码，我们会得到图 10.8 所示的结果。

Out[10]: '国务院新闻办 天 月 日 举行 发布 邀请 相关 部委 海南省 负责 介绍 海南 贸易 港 建设 总体案 关 情况 答记问 海南 贸易 试验区 成 两年 先 项 制度 创新 发布 中 许 全国 首创 两年 新增 市场主体 超 万户 两年 前 增长 海南 贸易 港 建设 奠 基础 根 年前 适时 启动 全岛 封关 运作 前 率先 部分 进口商品 实施 关税 免征 进口关税 进口 环节 增值税 消费税 外 幅 放宽 岛 免 税 购物 政策 海南 岛 免税 购物 限额 提年 万元 进步 扩 免税 商品类 海南 贸易 港 实行 非禁 入 企业 实行 备案制 承诺制 承诺 符合条件 开展业务 现 开始 年 符合条件 企业 减免 税 海南 贸港 工作 高端 紧缺 果 海南岛 天 税 实际 税负 超 部分 免征 规划 海南 贸易港 年前 全面实现 贸易 利 投资 利 跨境 资金 流动 利 员 进 利 运输 利 数安全 序 流动 推进 建设 高水平 贸易 港 '

图 10.8　去掉停用词后的分词结果

【结果分析】图 10.8 展示的是在去掉停用词之后，使用"结巴"分词工具进行分词的结果。我们可以看到原始文本数据中的标点符号和阿拉伯数字都被去掉了，类似"有""的""和"之类的词也不见了。对于后面我们要进行的提取文本特征来说，噪声数据确实减少了不少。

10.3.5　使用"结巴"提取关键词

在用"结巴"分词工具对中文文本进行了分词处理之后，我们可以考虑这样一个问题——在一段话当中，是不是每个词都很重要呢？在一段文本数据中，往往较关键的几个词就可以让我们理解百分之八十或者更多的含义。换句话说，要快速了解一段话要表达的核心意思，我们只需把其中的关键词提取出来就可以了。

"结巴"分词工具具有提取关键词的功能，我们可以来实验一下。输入代码如下：

```
#导入"结巴"分词工具中的analyse
```

```
import jieba.analyse
#继续使用停用词表
jieba.analyse.set_stop_words("stopwords.txt")
#抽取关键词
#withWeight参数控制的是，返回的结果是否包含关键词的权重
tags = jieba.analyse.extract_tags(text,withWeight=False)
#检查结果
tags
```

运行代码，我们会得到如图 10.9 所示的结果。

```
Out[14]: ['自由贸易',
          '海南',
          '便利',
          '自由',
          '免税',
          '2025',
          '离岛',
          '免征',
          '两年',
          '符合条件',
          '购物',
          '建设',
          '年前',
          '流动',
          '国务院新闻办',
          '承诺制',
          '封关',
          '数据安全',
          '77',
          '44']
```

图 10.9 使用"结巴"提取的文本关键词

【结果分析】从图 10.9 中可以看到，使用"结巴"的 analyse.extract_tags，可以将原始文本的关键词提取出来。其原理是基于某个词在文本中出现的频率，计算出它的权重，并返回权重最大的词。在缺省参数的情况下，"结巴"返回的是权重较高的前 20 个词。在本例中，权重较高的词包括"自由贸易""海南""便利""自由""免税"等。

当然，我们还可以通过调整参数来控制"结巴"返回的关键词的个数，以及是否包含权重等。输入代码如下：

```
#调节extract_tags的参数
#设置topK，也就是关键词数量为10
#withWeight为True，让结果带上权重数值
tags = jieba.analyse.extract_tags(text,
                                  topK = 10,
```

```
                                                    withWeight=True)
#检查结果
tags
```

运行代码，可以得到如图 10.10 所示的结果。

```
Out[26]: [('自由贸易', 0.38365361835428574),
          ('海南', 0.369819473922),
          ('便利', 0.25978428224035716),
          ('自由', 0.21072600559464283),
          ('免税', 0.19007656565528572),
          ('2025', 0.17078239289857142),
          ('离岛', 0.15508793163285714),
          ('免征', 0.13322809533528573),
          ('两年', 0.1273682256405),
          ('符合条件', 0.11970309620157144)]
```

图 10.10   调整参数后的关键词提取结果

【结果分析】从图 10.10 中可以看到，当我们把 topK 参数设置为 10 后，"结巴"返回的关键词数量为 10。同时，withWeight 参数设置为 True 之后，每个关键词后面还附上了该词的权重。例如，"自由贸易"这个词的权重达到了 0.38 左右，"海南"这个词的权重达到了 0.37 左右，"便利"一词的权重为 0.26 左右。看到这里，读者朋友会不会也和小瓦一样，在推测与海南自由贸易港概念相关的股票会迎来利好呢？答案是肯定的。

10.4   小结

在本章中，我们开始了全新的探索——NLP 是否可以在量化交易领域发挥作用。目前，一些对冲基金和学术机构已经在进行这方面的研究，而且取得了一定的成果。基于这样的背景，我们也和小瓦一起，从入门阶段进入这个领域的学习——从中文分词开始，到去停用词和提取关键词。当然，这些都是基于单条新闻文本数据实现的。假如我们有数百万的文本数据，又该如何借助 NLP 和机器学习技术实现量化交易策略呢？让我们一起来进行下一步的研究。

第 11 章　新闻文本向量化和话题建模

在第 10 章中，我们和小瓦一起初步地了解了 NLP 的基本概念，以及 NLP 在量化交易方面的应用。同时，基于中文文本的特性，我们还学习了如何使用"结巴"分词工具对中文文本进行分词处理。当然，这只是入门操作。我们还需要继续深入研究，才能把技术转化成"生产力"。

本章的主要内容如下。

● 将文本数据转化为向量。

● 话题建模简要介绍。

● 使用 LDA 进行话题建模。

● 对模型进行改进。

11.1　让机器"读懂"新闻

文本数据实际上是一种非结构化的数据。我们可以很轻松地理解这种数据。然而，机器就不一样了——要想让机器也能够读懂文本，我们就需要对文本数据进行细致的预处理，如分词处理，将文本转化为向量等。让机器能够理解人类的语言，目前在学术界仍然是一个热点研究方向。

11.1.1　准备文本数据

要让机器理解人类的语言，必不可少的一步就是将文本转换为数字，或者向量。想象一下，我们给机器输入一段文字。机器根据某个词出现的次数或者频率，给这个词分配一个向量，那么这一整段文字会变成一个由多个向量组成的矩阵。这样就可以让机器"了解"这段话所表达的意思了。

这样的描述确实有些抽象，不如我们直接上代码，用数据来进行实验。

在"聚宽"平台的研究环境中输入以下代码：

```
#导入需要的库
from jqdata import *
import datetime
import jieba
import pandas as pd
#设置日期
yesterday = datetime.date.today()-datetime.timedelta(days=1)
#创建query，查询昨天的新闻联播数据
q = query(finance.CCTV_NEWS).filter(finance.CCTV_NEWS.day==yesterday)
#执行query
news = finance.run_query(q)
#检查结果
news.head()
```

运行代码，可以得到如表 11.1 所示的结果。

表 11.1　获取新闻文本数据

序号	id（编号）	day（日期）	title（标题）	content（正文）
0	86579	2020-06-20	【央视快评】国安立法是香港变乱为治的转机	本台今天（6月20日）播发央视快评《国安立法是香港变乱为治的转机》。\r\n……
1	86593	2020-06-20	世卫：全球确诊新冠肺炎病例超 850 万	根据世卫组织最新实时统计数据，全球累计新冠肺炎确诊病例升至 8506107 例，累计死亡……
2	86575	2020-06-20	习近平签署第四十六号、四十七号、四十八号主席令	国家主席习近平 6 月 20 日签署了第四十六号、四十七号、四十八号主席令。\r\n……
3	86586	2020-06-20	《人民日报》评论员文章：坚定不移维护新疆稳定	明天（6 月 21 日）出版的《人民日报》将发表评论员文章，题目是《坚定不移维护新疆稳定》。……
4	86581	2020-06-20	全国夏粮播种已过八成 力促稳产提质	夏至临近，正是夏播抢墒关键时期。目前，全国夏粮播种已过八成，主产区加大科技投入，力促……

【结果分析】从表 11.1 中看到，最新的新闻文本数据已经获取成功，我们可以进行下一步的工作了。

接下来，我们先选择一条文本数据，对其进行分词处理。输入代码如下：

```
#选择行序号为7的新闻正文文本
message = news.iloc[7][3]
#这里教大家一个去掉无用字符的新方法
#使用split()即可
```

```
message = ''.join(message.split())
下面是我们在第10章中学习过的
#分词并去除停用词
words = ''
stopwords = [line.strip() for line in open('stopwords.
txt',encoding='UTF-8').readlines()]
word = ' '.join(jieba.cut(message))
for w in word:
    if w not in stopwords:
        words += w
words
```

运行代码，会得到以下结果：

'年 前 月 国 制造业 新增 贷款 增长 银 保监 新 统计 年 国 贷款 投 结构 进步 优化 年 前 月 新增 贷款 投 基础设施 建设 制造业 批发 售业 服务业 领 域 中 制造业 新增 贷款 万亿元 增长 制造业 中 长期贷款 信贷款 增长 明显 加 湖北 免费 线 技 培训 延长 月底 力资源 社保障部 日前 表示 国家 事 培 训网 家线 培训 平台 面 湖北 区 州 深度 贫困区 免费 线 技 培训 课程 直 播 动 延长 月底 线 力资源 社保障部 组织 技 师 扶贫 组 深入 贫困区 口 帮扶 安徽 重点项目 集中 开工 总 投资 超 亿元 天 月 日 安徽省 重项目 集中 开 工 总 投资 超 亿元 新开工 项目 覆盖 安徽 市 涉智 家电 新源 电池 餐厨 油烟 监测 战性 新兴产业 统产业 升级 改造 湖南省 年 抗洪抢险 应急 演练 举行 天 国 家 综合性 消防 救援 队伍 驻湘 部队 医疗 救援 社 救援 力量 计 湖南 长沙 进 行 年 抗洪抢险 应急 演练 演练 程 中 直升机 锋舟 机 特 救援 装备 阵 实战 化 检验 抗洪抢险 应急 力 精彩 日环食 天象 明日 全球 演 天文 预报 显示 月 日 精彩 日环食 天象 全球 演 国 西藏 川 重庆 贵州 湖南 江西 福建 台湾 部分 区 西东 先 现 日环食 景观 全国 区 日偏食 '

【结果分析】 从上面的代码运行结果来看，分词并去除停用词的步骤是成功了。在这一条数据中，原始文本数据中的 \r\n、空格、标点符号等都不复存在。至此，准备工作完成。

注意：在这一步中，我们仍然使用第 10 章中的停用词表。这个停用词表确实很全面，甚至有一些"苛刻"。读者朋友们如果使用了不同的停用词表，那么得到的结果可能会与此处有所不同。

11.1.2　使用CountVectorizer将文本转化为向量

在完成了准备工作之后，我们就可以进行向量化（vectorize）工作了。这里我们仍然使用熟悉的 scikit-learn 来操作。scikit-learn 中主要有两种用于文本向量化的方法：一种是基于单个词在整段文本中出现的次数来进行向量化的方法，另一种是基于词频—逆文本频率

（TF-IDF）方法来进行向量化的方法。

首先我们先来练习比较容易理解的方法，也就是基于单个词在整段文本中出现的次数来进行向量化的方法——CountVectorizer。输入代码如下：

```python
from sklearn.feature_extraction.text import CountVectorizer
#把上一步分好词的文本保存为一个TXT文档
with open('message.txt','w') as f:
    f.write(words)
#创建一个CountVectoerizer实例
vect = CountVectorizer()
#打开刚刚保存的TXT文档
f = open('message.txt','r')
#使用CountVectorizer拟合数据
vect.fit(f)
```

运行代码，可以得到如图 11.1 所示的结果。

```
Out[15]: CountVectorizer(analyzer='word', binary=False, decode_error='strict',
                dtype=<class 'numpy.int64'>, encoding='utf-8', input='content',
                lowercase=True, max_df=1.0, max_features=None, min_df=1,
                ngram_range=(1, 1), preprocessor=None, stop_words=None,
                strip_accents=None, token_pattern='(?u)\\b\\w\\w+\\b',
                tokenizer=None, vocabulary=None)
```

图 11.1　拟合文本数据后的 CountVectorizer

【结果分析】如果读者朋友也得到了如图 11.1 所示的结果，即说明代码运行成功。CountVectorizer 完成了对文本数据的拟合。我们可以用它进行向量化操作。

使用训练好的 CountVectorizer 进行向量化非常简单。输入代码如下：

```python
#将文本数据转化为向量
#打开这个文件
f = open('message.txt')
#使用训练好的CountVectorizer来进行向量转化
vectors = vect.transform(f)
#查看转化后的向量
print(vectors.toarray())
```

运行代码，可以得到以下结果：

```
[[1 1 2 1 1 1 2 1 2 4 2 1 1 1 1 1 2 3 1 1 3 1 2 2 1 1 1 1 1 1 3 2 1 2 1 1
  1 2 3 1 4 1 3 1 1 1 1 3 1 1 1 1 2 1 1 1 1 1 1 1 2 2 1 3 1 1 1 1 2 1 2 1
  1 1 1 1 1 1 1 1 1 2 1 4 1 1 1 1 1 1 1 1 1 1 2 1 1 1 1 1]]
```

【结果分析】 从以上的代码运行结果可以看到，原始的文本数据现在已经变成由整数组成的数组。这样一来，机器就可以"读懂"文本了。后面无论我们是做话题提取，还是文本分类等，都以此为基础来进行。

11.1.3 使用TfidfVectorizer将文本转化为向量

除了使用 CountVectorizer 将文本转化为向量之外，我们还有另外一个方法——基于词频 - 逆文本频率方法来进行向量化，也就是 TfidfVectorizer。下面我们来学习一下这个工具的使用方法。

与 Countvectorizer 不同的是，Tfidfvectorizer 不是基于文档中每个词出现的次数来进行向量转化的，而是根据单个词在文档中出现的频率（Term Frequency，TF），再乘以逆向文档频率（Inverse Document Frequency，IDF）来计算的。具体公式如下。

$$\text{tf–idf}(t,d)=\text{tf}(t,d) \cdot \text{idf}(t)$$

$$\text{idf}(t)=\log \frac{1+n}{1+\text{df}(t)} +1$$

式中，tf(t,d) 表示某个词（term）在文档（document）中出现的频率；idf(t) 表示逆向文档频率；n 表示一个文档集合中所有文档的个数；df(t) 表示一个文档集合中包含某个词的文档的个数。

这种计算方法的思想是：假如某个词在某一个文档中出现的频率很高，但在其他文档中出现的频率较低，则说明这个词可以很好地将不同的文档区分开，算法就会给其分配更高的权重；假如某个词在所有文档中出现的频率都很高，则说明这个词区分文档的作用不大，这样算法就会给其分配一个较低的权重。

下面我们来学习一下如何使用代码来实现算法。这里仍然使用 scikit-learn 中内置的工具。输入代码如下：

```
#导入Tfidf向量化工具
from sklearn.feature_extraction.text import TfidfVectorizer
#创建一个实例
tfidf = TfidfVectorizer()
#打开我们之前保存的文本文件
f = open('message.txt')
#使用fit_transform方法可以直接对文本进行转换
vect_tf = tfidf.fit_transform(f)
```

```
#输出前10个向量
print(vect_tf.toarray()[0][:10])
```

运行代码，可以得到以下结果：

```
[0.06274558051381586 0.06274558051381586 0.12549116102763172
 0.06274558051381586 0.06274558051381586 0.06274558051381586
 0.12549116102763172 0.06274558051381586 0.12549116102763172
 0.25098232205526344]
```

【结果分析】从上述结果可以看到，与 CountVectorizer 不同的是，TfidfVectorizer 所进行的向量化结果并不是整数类型，而是浮点类型。原因是 CountVectorizer 是使用次数来进行向量转化的，而 TfidfVectorizer 是基于词频与逆向文档频率的乘积来实现向量转化的，因此结果会有这样的差别。

注意：在文档个数不太多的情况下，使用 **CountVectorizer** 与 **TfidfVectorizer** 进行向量转化，效果并没有太大区别。当文档个数较多时，推荐使用 **TfidfVectorizer** 来进行操作。

11.2　让机器告诉我们新闻说了啥

在 11.1 节中，我们已经和小瓦一起学会了如何使用 scikit-learn 内置的工具来将文本转化为向量了。接下来，我们用经过预处理的数据来开展下一步的工作。

11.2.1　什么是话题建模

为了让小瓦理解什么是话题建模，我们可以想象一下：假如我们给小瓦 10 篇文章，让小瓦在 1 天当中看完并了解其核心信息，相信她很轻松就可以完成；但如果给她 10 万篇文章，让她在 1 天当中全部读完，还要了解其重点内容，恐怕以人类的能力就做不到了。如今，在这样一个信息爆炸的时代，每天全球新增的互联网信息都是数以亿计的。如何获得更多有用的信息，并且将其转化为生产力，是一个值得我们好好研究的内容。

在上述情况下，可以考虑让机器帮助我们在海量的文本当中快速地找到关键信息。这种技术就被称为话题建模（topic modeling）。话题建模技术大约出现在 20 世纪 70 年代中期。当时的模型是在向量空间模型的基础上进行改进，并通过线性代数来降低文档矩阵的维度。

这是一种类似于无监督学习的算法，但因为当时没有一个统一的衡量准则，所以人们很难对模型的效果进行评估。

后来，概率模型（probabilistic model）应运而生。概率模型的思想是：每个文档都有一个显式的生成过程。概率模型算法会对文本的生成过程进行逆向操作，并找到一段文字的核心主题。

随着话题建模技术的发展，新的话题建模方法不断涌现，如潜在语义索引（latent semantic indexing，LSI，也可以称为 latent semantic analysis，LSA）、概率潜在语义分析（probabilistic latent semantic analysis，pLSA）、潜狄利克雷分布（latent dirichlet allocation，LDA）。其中，LSI 是一种基于线性代数的方法。它通过分解文档词条矩阵（document-term matrix，DTM）来找到给定数量的潜在主题 K。这里我们简单地讲一下它的原理。LSI 是一种无监督算法。它根据给定的 K 个奇异值和向量去寻找彼此相似度最高的文档。LSI 的优点很多，包括能够消除噪声和降低数据的维度，同时捕获一些语义并对文本进行聚类。然而，LSI 的结果很难解释，因为 LSI 的主题是同时具有正项和负项的词向量。在选择维度或主题的数量时，也没有任何基础模型允许对拟合进行评估并用来改进。

pLSA 则从统计学的角度对潜在语义进行分析，并建立了一个生成模型来解决 LSI 缺乏理论基础的问题。pLSA 将文档矩阵中的文档和单词每次同时出现的概率显式建模为代表某个主题的若干个词语的组合。

上面的描述可能有点抽象，不太容易理解。这里只是让小瓦和读者朋友们对话题建模有一个大致了解。后面我们重点介绍一下要用到的 LDA 模型。

11.2.2　什么是LDA模型

自 LDA 模型被提出以来，LDA 模型逐渐成了流行的主题模型。LDA 模型之所以流行，主要原因是 LDA 模型更倾向于生成人类能看得懂的主题，还可以将主题分配给新文档，并且 LDA 模型还具备可扩展性，它的变体可以包括文本的元数据，如文章的作者或图像数据等。与 pLSA 所不同的是，LDA 模型在 pLSA 模型的基础上添加了主题生成的过程。

LDA 模型是一个分层贝叶斯模型，它假设主题是单词的概率分布，而文档是主题的分布。更具体地说，该模型假设文本的主题都符合稀疏的狄利克雷分布。这意味着我们只需阅读文档的一小部分内容就可以概括出主题，而主题往往是由一小部分单词组成的。在 LDA 主题模型中，狄利克雷分布非常重要。当我们向文档集中添加一篇文章时，LDA 主题模型假定文章的内容取决于每个主题的权重和构成每个主题的词语。狄利克雷分布控制文档主题和主题词的选择，并基于文档仅包含少数主题，而每个主题仅频繁使用少量单词的思想来进行建模。

下面我们来介绍 LDA 中的生成过程——说实话，这个过程有点"玄幻"，但在实际应用中倒是屡试不爽。LDA 算法对文本的生成过程进行逆向操作，得到文档主题词关系的摘要。该摘要简明地描述了每个主题对文档的贡献率，以及每个单词与主题的概率关联。在 LDA 中，这种通过对假设的内容生成过程进行逆向操作的方法，解决了从文档体及其包含的单词中恢复分布的贝叶斯推理问题。

LDA 模型是一种无监督学习的方法，而这种无监督的主题模型往往很难保证结果是有意义的或可解释的，也没有客观的标准来评估结果。当然，人工对聚类出的话题做出的评价，可以看作黄金标准，但数据规模一旦达到一定量级，这种做法就会带来高昂的成本。

这里我们提供两种可以更客观地评估结果的方法：一种是用新的文档用模型来进行话题建模，看模型能否正确地找出文本中的话题；另一种是使用主题一致性度量（topic coherence metrics），评估模型识别出来的话题质量。

11.3　话题建模实战

在 11.2 节中，我们简要介绍了一些话题建模方面的知识。在本节中，我们就来实际练习一下如何使用 Python 实现话题建模。

11.3.1　加载数据并进行分词

为了方便，下面我们还是使用"聚宽"平台提供的新闻文本数据来进行实验。为了让数据更丰富一些，这次我们不采用单条新闻正文文本，而将所有的新闻正文文本都拿过来进行操作。首先要做的还是对文本进行分词。输入代码如下：

```
#导入scikit-learn中的潜狄利克雷分布
from sklearn.decomposition import LatentDirichletAllocation
#这次我们用当天的全部新闻正文来实验
#创建空列表
tokens = []
```

```
#设置好停用词表
stopwords = [line.strip() for line in open('stopwords.
txt',encoding='UTF-8').readlines()]
#对正文进行分词，并去掉停用词
for i in range(len(news)):
    words = ''
    word = ' '.join(jieba.cut(news.iloc[i][3])).replace('\r\n','')
    for w in word:
        if w not in stopwords:
            words += w
    #把分出来的词添加到空列表中
    tokens.append(words)
#把结果作为新的一列，添加到DataFrame中
news['tokens'] = pd.Series(tokens)
#检查结果
news.head()
```

运行代码，可以得到表 11.2 所示的结果。

表 11.2　对全部新闻文本正文进行分词

序号	id（编号）	day（日期）	title（标题）	content（正文）	tokens（分词）
0	86579	2020-06-20	【央视快评】国安立法是香港变乱为治的转机	本台今天（6 月 20 日）播发央视快评《国安立法是香港变乱为治的转机》。\r\n…	台 天 月 日 播发 央视 评 国安 法 香港 变乱 治 转机……
1	86593	2020-06-20	世卫：全球确诊新冠肺炎病例超 850 万	根据世卫组织最新实时统计数据，全球累计新冠肺炎确诊病例升至 8506107 例，累计死亡……	根 世卫 组织 新 实时 统计数 全球 累计 新冠 肺炎 确诊 病例 升 ……
2	86575	2020-06-20	习近平签署第四十六号、四十七号、四十八号主席令	国家主席习近平 6 月 20 日签署了第四十六号、四十七号、四十八号主席令。\r\n…	国家 主席 月 日 签署 十 号 十 号 十 号 主席令 ……
3	86586	2020-06-20	《人民日报》评论员文章：坚定不移维护新疆稳定	明天（6 月 21 日）出版的《人民日报》将发表评论员文章，题目是《坚定不移维护新疆稳定》。……	明天 月 日 版 民 日报 发表 评员 文章 题目 坚移 维 ……
4	86581	2020-06-20	全国夏粮播种已过八成 力促稳产提质	夏至临近，正是夏播抢墒关键时期。目前，全国夏粮播种已过八成，主产区加大科技投入，力促……	夏 正 夏播 抢墒 关键 时期 目前 全国 夏粮 播 成 主产区 ……

【结果分析】从表 11.2 中可以看到，这次我们把当天的新闻联播中的全部正文文本数据都进行了分词处理，并保存到了 DataFrame 当中。

11.3.2 将分词结果合并保存

下面将全部的新闻正文文本数据的分词结果合并成一个长字符串。也就是说，我们要把所有的新闻正文合并在一个文档中。输入代码如下：

```
#把所有的分词结果合并成一个长字符串
text = ''
#用回车符来分割不同的内容
for i in range(len(news)):
    text += news.iloc[i][4]+'\n'
#检查结果
text
```

运行代码，可以得到如图 11.2 所示的结果。

```
Out[20]: '        台 天   月  日  播发 央视 评  国安 法  香港 变乱 治  转机                    评说  香港 国安法  全国委  宪法  香港基法
         全国 关 决 制订  部 全国性 法律   完善 新形势 香港特行政区 维护 国家 安全  法律 制度  执行 机制  重 制度 安排   效 堵塞 香港  维护
         国家 安全 面 存  漏洞              正告 反中乱 港 分子  玩火  焚  勿 错判 形势  勿 低估 中央 决心  勿 身试法  香港  前途  命
         运  牢牢 掌握  包括 香港 胞   全体 中国 民 手中  国安 法   永葆  东珠  彩 璀璨  护佑  国两制  航船 行稳 远              \n
         根 世卫 组织 新 实时 统计数  全球 累计 新冠 肺炎 确诊 病例 升  例  累计 死亡 病例   例                   截 北京 时间 天   月  日
         时  美国 累计 新冠 肺炎 确诊 病例 达  例  确诊 病例 日 新增 超  万例  累计 死亡 病例   例                    美国 媒体报道  美国
         国家 敏症  染病 研究 长 福  日 表示  美国 部分 区 应 疫情  式 够 科学  效  美国 目前  状况 面   领导 利  面  公众  严格遵守 防疫 指
         南                西 确诊 病例 超 百万                                          截  时间  日  时  西 确诊 病例
         达  例  时 日 新增 病例  现 新高    例               \n       国家 主席      月  日 签署  十 号  十 号  十 号 主席令
         十 号 主席令 说          公职员 政务 处分法           十届 全国民代表务委员 十次 议   年  月  日 通  现予 公布    年  月  日 施行
         十 号 主席令 说          档案法           十届 全国民代表务委员 十次 议   年  月  日 修订 通  现予 公布    年  月  日 施行
         十 号 主席令 说          民武装 警察法           十届 全国民代表务委员 十次 议   年  月  日 修订 通  现予 公布    年  月  日 施行
         \n        明天   月  日  版  民日报  发表 评员 文章  题目   坚移 维护 新疆 稳                         文章 说  美 日 签署 成法  谓
         年 维吾 权 政策 法案   罔顾 事实  颠倒黑  蓄意 诋毁 中国 新疆  权 状况  恶毒攻击 中国政府 治疆 政策  中国  新疆 治理  付  巨 努力  新
         疆 权 事业  发展 成  国际 社 目睹  新疆 反恐   端化 成果  新疆 社 稳 发展  团结 谐  局面  容置疑  破坏              \n
```

图 11.2 将全部分词结果合并成长字符串

【结果分析】从图 11.2 中可以看到，我们把分词结果合并成了一个长字符串。我们要将这个长字符串保存起来，以供后面使用。

将分词结果保存为文本文件的代码如下：

```
#将上面的长字符串写入名为text.txt的文本文件中
with open ('text.txt','w',encoding='utf8') as f:
    f.write(text)
```

运行代码之后，大家在研究环境的列表中就可以看到这个文件了，如图 11.3 所示。

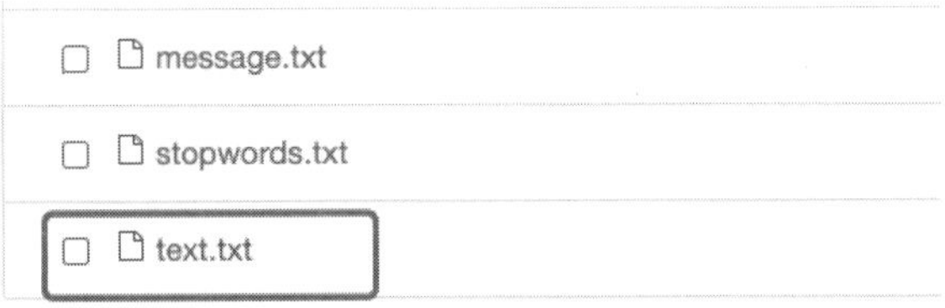

图 11.3　保存长字符串的文本文件

这个文件目前保存在平台的服务器上，如果读者朋友希望将其下载到本地来进行研究和实验，也是可以的。接下来，我们就可以使用 LDA 模型来进行话题建模了。

11.3.3　使用LDA进行话题建模

重点来了！接下来，我们要让机器根据我们的要求，从文档中提取出指定数量的话题，并且告诉我们每个话题包含的高频词都有哪些。要现实这样的效果，我们可以先用下面的代码定义一个函数：

```
#为了方便，我们输出话题建模的结果
#这里定义一个函数
def print_topics(model, feature_names, n_top_words):
    #首先遍历模型中存储的话题序号和话题内容
    for topic_idx, topic in enumerate(model.components_):
        #然后输出话题的序号及指定数量的高频关键词
        message = 'topic #%d:' % topic_idx
        message += ' '.join([feature_names[i]
        for i in topic.argsort()[:-n_top_words - 1:-1]])
            print (message)
    print()
```

运行上面的代码之后，我们就有了一个可以很方便输出模型结果的函数了。接下来我们使用 LDA 模型来进行话题建模。输入代码如下：

```
#打开刚刚保存的文本文档，指定打开方式为r
#也就是读取
f = open('text.txt','r')
#指定一个模型输出的话题中，显示10个高频关键词
n_top_words = 10
#创建一个TfidfVectorizer实例
tf = TfidfVectorizer(ngram_range=(1,1))
#用TfidfVectorizer将文本数据转化为向量
```

```
x_train = tf.fit_transform(f)
#创建一个LDA实例,指定模型从文本中提取10个话题
lda = LatentDirichletAllocation(n_components=10)
#用LDA模型拟合数据
lda.fit(x_train)
#输出结果
print_topics(lda, tf.get_feature_names(), n_top_words)
```

运行代码,会得到图 11.4 所示的结果。

```
topic #0:病例 美国 确诊 中国 新增
topic #1:发展 伤痛 中国 文章
topic #2:国际 战书 疫情 团结 现浇
topic #3:主席令 施行 现予 公布
topic #4:输水 工程 水稻 欧盟 流量
topic #5:国家 维护 香港 安全法 特区
topic #6:主席令 源头 贷款
topic #7:安全 国家 维护
topic #8:医院 北京市 病区 病房 目前
topic #9:全面 装备 事务处 社保障部
```

图 11.4　LDA 话题建模的结果输出

【结果分析】说实在的,LDA 给出的结果有时候会有点抽象,但仔细看看似乎又"有点儿东西"。例如,在图 11.4 中 LDA 给出的 10 个话题的第 1 个话题中,高频词分别是"水稻""绿色""高产""玉米"。我们可以认为这个话题与农业相关,那我们自然联想到要去关注农业方面的股票;又如,在第 10 个话题中,高频词包括"新疆""美国""国际""疫情"等高频词,让我们无法获得有效的信息。

11.3.4　对模型进行改进

那图 11.4 所示的结果是不是说明 LDA 其实不能给出我们能够理解的主题呢?不要着急,我们可以试试对其做一点优化。这个优化的步骤是在向量化过程中进行的,我们可以尝试调整 ngram_range 参数。在缺省状态下,ngram_range 的值是(1,1),意思是模型"装进口袋"的词最少是 1 个,最多也是 1 个。例如"你好,段小手"这两个词,在 ngram_range 为(1,1)时,在向量化过程中装进模型"口袋"里的就是"你好""段小手"这两个词;如果我们调整 ngram_range 为(2,2),则装进模型"口袋"里词最少是相邻的 2 个,最多也是相邻的 2 个,也就是"你好 段小手"这两个词会组合在一起;如果 ngram_range

为（1，2），则模型装进"口袋"的词最少是 1 个，最多是相邻的 2 个，这样"口袋"中就有"你好"和"你好 段小手"这两个元素了。这也是词袋模型（bag of word，BoW）的基本概念。

既然我们用默认的 ngram_range 参数进行话题建模的效果不理想，那不妨调整一下，将相邻的两个词组合之后再看看结果。代码改动不大，具体如下：

```
#打开刚刚保存的文本文档，指定打开方式为r
#也就是读取
f = open('text.txt','r')
#指定一个模型输出的话题中，显示5个高频关键词
n_top_words = 5
#创建一个TfidfVectorizer实例
#这里把ngram_range参数改为（2，2）
tf = TfidfVectorizer(ngram_range=(2,2))
#用TfidfVectorizer将文本数据转化为向量
x_train = tf.fit_transform(f)
#创建一个LDA实例，指定模型从文本中提取10个话题
lda = LatentDirichletAllocation(n_components=10)
#用LDA模型拟合数据
lda.fit(x_train)
#输出结果
print_topics(lda, tf.get_feature_names(), n_top_words)
```

运行这段代码，可以得到图 11.5 所示的结果。

```
topic #0:中国 成员国 领导 复苏 基金 问题 决议 核准 问题
topic #1:相应 刑事责 警务处 维护 声明 政治性 防控 疫情 中国 美国
topic #2:抗击 疫情 合作 榜样 西东 日环食 进步 优化 安全 接受
topic #3:维护 国家 国家 安全法 执法 事件 联合国 理事
topic #4:美国 政客 美国 谎言 攻破 繁荣 锐评
topic #5:确诊 病例 建设 艰苦 全部 完成 标志 全线 现浇 主梁
topic #6:抗击 疫情 新增 贷款 团结 抗疫 国际 表示 国家 安全
topic #7:战书 委员长 修订 草案 中央 决算 战书 审议 档案法 修订
topic #8:北斗 导航 事务 中国 叶娜 帕尼娜
topic #9:国家 安全 维护 国家 维护 确诊 病例 十届
```

图 11.5　修改 ngram_range 参数后的输出结果

【结果分析】在调整了 ngram_range 参数之后，模型的输出结果看起来更容易理解了一些。例如在第 3 个话题（topic #2）中，高频词有"抗击""疫情""合作""进步"等词，这就让我们很容易联想到去关注水利工程相关的股票；又如，在 topic #7 中，高频词包括"战书""修订""草案"等，这就会让我们想到去关注"北斗概念"相关股票；再如，

在 topic #9 中，高频词包括"国家""安全""维护"，可以想象到这个话题主要在谈与疫情相关的新闻，这会让我们想到疫情可能会给股市带来不确定因素，可以考虑减仓（当然空仓的账户也可能会想到抄底）等。

看起来，把 ngram_range 调整为（2，2）之后，模型的输出结果要稍微"靠谱"一些。

11.4　小结

本章主要涉及两部分内容——文本的向量化和 LDA 话题建模。回顾一下：在本章中，我们使用 CountVectorizer 和 TfidfVectorizer 练习了如何将文本数据转化为向量；简单了解了话题建模的一些理论知识；我们用 LDA 模型进行了话题建模的学习，并且通过调节 ngram_range 参数，对模型的输出结果进行了改进。到此，我们和小瓦一起对 LDA 话题建模有了一定的了解，但如何将这个技术应用到量化交易中，还需要在后面的章节中进行更深入的探索。

第 12 章　股评数据情感分析

在第 11 章中，我们和小瓦一起学习了几个新的技能——将文本数据转化为向量，并基于转化为向量的数据，使用 LDA 尝试进行了"话题建模"，以便于我们能够在大量的文本数据中快速了解它们涉及的主要内容。不过，小瓦似乎并不满足，她提出新的问题：我们能不能让机器识别出市场投资者的情绪，并且预测出股市即将大涨，或是大跌呢？那不妨我们就来探索一下，看看小瓦提出的这个设想是否可行。

本章的主要内容如下。

- 自然语言处理中的情感分析。
- 什么是带标签的语料数据。
- 语料数据情感分类标注。
- 朴素贝叶斯的基本原理。
- 用语料数据训练朴素贝叶斯模型。

12.1　机器懂我们的情感吗

其实在自然语言处理领域，情感分析（sentiment analysis，又称为情绪分析）并不是一个多么新鲜的课题了。这项技术的主要目的是识别和提取文本数据中的主观信息，以便我们对文本所表达的情绪做出判断。其实我们对这项工作并不陌生，在日常生活中常常会遇到。例如，两个年轻人第一次约会，分开后男生给女生发信息"到家了吗？"如果女生回复"到家啦，今天玩得很开心，下次再一起玩呀！"那么这说明双方可能对彼此的印象还是比较好的。

在男生给女生发信息的过程中，其实就是在自己的大脑中进行了一次情感分析——将女生回复的信息判断为"正面"（也就是有进一步发展的可能）和"负面"（机会比较渺茫）两种类型。也就是说，归根结底，情感分析还是属于机器学习中分类任务的范畴。同样地，我们可以把这个方法用于判断由市场投资者的情绪反映出的股市的状态，并借此来对交易进行择时。

既然理论上这个方法可行，那我们不妨来实验一下。

12.1.1　了解分好类的语料

既然我们说到，情感分析其实就是机器学习中的分类任务，那就说明这需要用到有监督学习的方法。说到有监督学习，就需要我们提供带有分类标签的数据集，以进行模型的训练。

要是让小瓦自己来制作数据集，并且逐条打标，可是有点难为她了。不过不要紧，我们在网上找到了一些已经根据市场投资者的情绪分好类的文本数据，并下载到本地。如图 12.1 所示。

negtive.txt　　　　positive.txt

图 12.1　下载好的分类文本数据

从图 12.1 中可以看到，我们下载的数据已经按照情感进行了分类。其中，代表正面情绪的文本保存在名为 "positive.txt" 的文件中；代表负面情绪的文本保存在名为 "negative.txt" 的文件中。下面我们分别查看一下文件的内容，首先是 positive.txt 文件，如图 12.2 所示。

这次 降准 降息 利好
今天 上来 调整
海王 迎来 新一轮 扩张坚定 持股 利润 奔跑
黄斌汉 大跌 强势股 错杀 股 机会
高性能 锂离子 电池 项目 计划 年 开工
今日 博雅 开盘 的话理应 涨停
业绩 大幅 增长
明天 送 配快抢
明天 涨 傲 霸天 赶紧 发图 大笑
卖 几百 股 缴款 希望 浦发 能涨
获 证 喜报 | 恭喜 达安 基因 子公司 达 泰 公司 十九项 医疗器
大盘 进入 主升浪 加速 运行 请系 好 安全带
逢涨 清仓

图 12.2　positive.txt 文件的内容

从图 12.2 中可以看到，这份数据（语料数据）的质量还不错。大致阅读一下，我们会发现这份语料数据很像是股评文本，而且已经做了分词处理。

在 positive.txt 文件中，我们可以看到诸如"利好""涨"等词汇。直观来看，这确实代表了比较正面的情绪。下面我们再检查一下 negtive.txt 文件，如图 12.3 所示。

博亚 还 会 二次 暴跌 探底
上周五 减仓 结合 大盘走势 分析 认为 需要 仆
逃命 吧股友
收盘 一定 跌停
高开低走 套 死 人
哎几个 跌停牢牢 困 死
已 破位 下 行主力 出货 明显卖 了气死人
尾盘 减少 仓位 只 剩 成 踏空 追
全部 抛出明天 跌 回 25元不要 庄家 套 高位

图 12.3　negtive.txt 文件中的内容

从图 12.3 中可以看到，与 positive.txt 文件相同，negative.txt 文件中存储的也是已经分好词的股评数据。在文件中，我们能够看到诸如"暴跌""探底""逃命""破位"等明显代表了负面情绪的词汇。看来，这两个语料文件大概还是可用的。

注意：positive.txt 文件和 negtive.txt 会随本书代码一起提供给读者下载，以便大家进行研究和实验。

12.1.2　将文件上传到量化交易平台

有了 positive.txt 和 negtive.txt 这两个语料文件，小瓦省去了不少工作。现在我们要做的事情就是把这两个文件上传到"聚宽"平台。与之前上传停用词表的操作一样，单击研究环境中的"上传"按钮，如图 12.4 所示。

| 内存使用 | | 249M/1.0G | ▼ | 重启 | 上传 | 新建 ▾ | ↻ |

名字 ↓　最后修改

图 12.4　研究环境中的"上传"按钮

单击"上传"按钮后，在弹出的对话框中，分别选择本地的 positive.txt 文件和 negtive.txt 文件，就可以看到这两个文件被添加到上传队列当中了。分别单击两个文件名后面的"上传"按钮来确认上传，如图 12.5 所示。

negtive.txt 上传 取消

positive.txt 上传 取消

图 12.5 确认将队列中的文件上传

完成上传之后，就可以在工作目录中看到 positive.txt 和 negtive.txt 两个文件了，如图 12.6 所示。

☐ 📓 第8章-研究.ipynb

☐ 📓 第9章-研究.ipynb

☐ 📄 message.txt

☐ 📄 negtive.txt

☐ 📄 positive.txt

☐ 📄 stopwords.txt

☐ 📄 text.txt

图 12.6 文件上传成功

如果读者朋友在自己的工作目录中也看到了这两个文件，就说明文件上传成功，我们可以进行下一步的工作了。

12.2 用语料制作数据集

在完成了语料数据的上传之后，下一步我们要把这些语料数据加工成可以训练模型的数据集。由于原始的语料数据是以 TXT 文件的形式存储的，我们要对文件做一点处理，将 TXT 文件中的数据转化成一个包含正负极性且两个分类中的样本数量基本均衡的数据集。

12.2.1 将正面情绪语料存储为列表

为了进行后面的操作，我们首先要把 TXT 文件中的语料数据按照逐行的方式存储到列表中。要达到这个目的，我们在研究环境中新建一个 notebook 文件，并导入一些要用到的库。输入代码如下：

```
#先导入一些会用到的库
#这些库大家都比较熟悉了
#就不一一介绍了
from time import time
import pandas as pd
import numpy as np
from sklearn.feature_extraction.text import TfidfVectorizer
from sklearn.model_selection import train_test_split
import matplotlib.pyplot as plt
import seaborn as sns
```

按 Shift+Enter 组合键，运行这段代码并进入下一个单元格中。这时基本的库导入完毕，下面我们要对语料进行处理了。我们把 positive.txt 中的内容读取出来，并将其保存到一个列表中。输入代码如下：

```
#创建一个空列表，用来存储正面情绪语料
pos_corpus = []
#打开positive.txt文件
with open('positive.txt') as f:
    #设置一个for循环
    for sent in f:
        #将文件中的文本以每行为一个元素，添加到刚创建的空列表中
        pos_corpus.append(sent.replace('\n', ''))
#检查列表中的元素数量
len(pos_corpus)
```

运行代码，可以得到如下结果。

```
4607
```

【结果分析】这里做这样操作的原因是，我们不可能把 positive.txt 和 negtive.txt 两个文件作为训练数据直接扔给模型。在原始的语料数据中，每一行应该就是一条股评文本。这样的话，思路就应该是把每条股评作为单独的一条数据来看待。从代码运行结果可以看到，代表正面情绪的股评有 4607 条，数量还是比较多的。

下面我们可以检查一下列表的前 5 个元素，代码如下：

```
#检查列表的前5个元素
pos_corpus[:5]
```

运行代码，可以得到图 12.7 所示的结果。

```
Out[19]: ['买入 长期 持有 沃森 生物 19条 简短 想法',
         '利好 出 还 涨',
         '线 战士 持        牌       火爆 进货 深交所 9月 17日 暂停 etf 融资 买入 etf 融资 余
额 已 达到 证券 上市 流通 市值 私募 火爆
大战     股     时代 召唤',
         '浙江 冬日 彻底 破位',
         '达安 基因 该涨']
```

图 12.7　正面情绪列表的前 5 个元素

【结果分析】从图 12.7 中可以看到，代表正面情绪的语料以字符串的形式存储在列表中。如果读者朋友也得到这个结果，就说明代码运行成功了。

12.2.2　将负面情绪语料存储为列表

下面我们将负面情绪语料存储到列表中。输入代码如下：

```
#创建一个空列表，用来存储负面情绪语料
neg_corpus = []
#打开negtive.txt文件
with open('negtive.txt') as f:
    #设置一个for循环
    for sent in f:
        #将文件中的文本以每行为一个元素，添加到刚创建的空列表中
        neg_corpus.append(sent.replace('\n',''))
#检查列表中的元素数量
len(neg_corpus)
```

运行代码，可以得到如下结果：

```
4607
```

【结果分析】从代码运行结果可以看到，负面情绪语料的数量和正面情绪语料的数量是完全一样的，也是 4607 条。这说明这两种语料的数量还是比较平衡的，这就省去了我们要手动均衡正负面情绪语料的工作了。

当然，如果想要检查一下负面情绪语料列表，我们也可以使用下面的代码：

```
#检查一下列表的前5个元素
neg_corpus[:5]
```

运行代码，可以得到图 12.8 所示的结果。

```
Out[21]: ['此股 垃圾 买 上套 nndnull 整个 上午 大 单 都 抛 基本上 跑 跑掉 下午 猛冲',
         '变绿',
         '明天 开盘 清仓 卖光 一文不值 弄 虚 造假 实际 巨亏 国农 最 明智 最 理智 决定',
         '资金 已经 出逃 融券 大胆 做空 跳水 走为上着 已 清仓 希望 18块 接回 今天 全部 卖
出 清仓 完 明天 大跌 清仓 坐等 3个 跌停 后 进货',
         '  弄 金融    顶 老贴 不累']
```

图 12.8　负面情绪列表中的前 5 个元素

【结果分析】这里和正面情绪列表中的情况是一样的，我们就不赘述了。读者朋友只要看到这个结果，就说明你的操作是没有问题的。

12.2.3　给数据"打上标签"

在监督学习方法中，数据是带有分类标签的。所以接下来，我们要用标签来区分语料代表的情绪，或者说极性（polarity）。下面我们用 1 来代表正面情绪，用 0 来代表负面情绪，对数据进行标注。输入代码如下：

```
#将正面情绪列表转化为DataFrame
#列命名为text
pos_df = pd.DataFrame(pos_corpus, columns = ['text'])
#创建一个新的字段，命名为polarity，正面情绪语料全部标"1"
pos_df['polarity'] = 1
#检查是否成功
pos_df.head()
```

运行代码，可以得到表 12.1 所示的结果。

表 12.1　添加了极性标签的正面情绪 DataFrame

序号	text （文本）	polarity （极性）
0	买入 长期 持有 沃森 生物 19条 简短 想法	1
1	利好 出 还涨	1
2	线 战士 持 牌 火爆 进货 深交所 9月 17日 暂停 etf 融资 买入 e……	1
3	浙江 冬日 彻底 破位	1
4	达安 基因 该涨	1

【结果分析】从表 12.1 中可以看到，我们给正面情绪语料添加了一个名为"polarity"的标签，并且全部标注为"1"。读者朋友如果也得到了与表 12.1 一致的结果，就可以进行下一步的工作了。

下面使用同样的方法对负面情绪语料进行处理。输入代码如下：

```
#将正面情绪列表转化为DataFrame
#列命名为text
neg_df = pd.DataFrame(neg_corpus, columns = ['text'])
#创建一个新的字段，命名为"polarity"，正面情绪语料全部标"0"
neg_df['polarity'] = 0
#检查是否成功
neg_df.head()
```

运行代码，可以得到如表 12.2 所示的结果。

表 12.2　添加了极性标签的负面情绪 DataFrame

序号	text （文本）	polarity （极性）
0	此股 垃圾 买上套 nndnull 整个 上午 大 单 都 抛 基本上 跑 跑掉 下午 猛冲	0
1	变绿	0
2	明天 开盘 清仓 卖光 一文不值 弄 虚 造假 实际 巨亏 国农 最 明智 最 理智 决定	0
3	资金 已经 出逃 融券 大胆 做空 跳水 走为上着 已 清仓 希望 18 块 接回 今天 全部……	0
4	弄 金融 顶 老贴 不累	0

【结果分析】从表 12.2 中可以看到，代表负面情绪的语料都被标注为"0"，并被保存在 DataFrame 中。由于负面情绪语料的标注方式与正面情绪语料的标注方式是一致的，这里不再赘述。

12.2.4　合并正负面情绪语料

现在我们已经分别给代表正负面情绪语料打上了标签，并且将其保存在 DataFrame 中。我们接下来要做的事情是把正负面情绪语料合并到一个数据集中，以便于模型的训练。输入代码如下：

```
#用pandas的concat方法就可以合并两个DataFrame
#这里还要把原来的index去掉，并重设一个新的index
```

```
df = pd.concat([pos_df, neg_df]).reset_index(drop=True)
#为了查看正负面情绪语料是否合并成功，我们可以使用seaborn的计数图
#标签0和标签1的数量
sns.countplot(df['polarity'])
#显示图像
plt.show()
```

运行代码，可以得到如图 12.9 所示的图像。

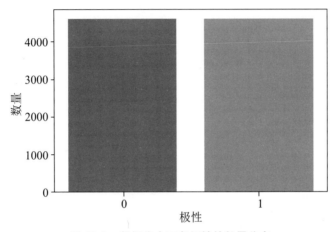

图 12.9　数据集中正负极性的数量分布

【结果分析】在使用 concat 方法将两个 DataFrame 合并后，我们使用了 seaborn 中的 countplot 来绘制新数据集中不同极性标签的数量分布情况。从图 12.9 中可以看到，合并完成之后，在新的数据集中，极性标注为 0 的数据和极性标注为 1 的数据的数量是相同的。这说明数据的合并已经成功。

到此，我们已经完成了数据集的准备工作。下面我们就可以开始训练模型了。

12.3　隆重推出"朴素贝叶斯"

要说起分类任务，我们已经学过的 KNN、决策树、逻辑回归、支持向量机等都是可以胜任的。不过这里我们打算让小瓦再学习一个新的算法——朴素贝叶斯。相信有一部分读者朋友对这个名词并不陌生，不过为了让小瓦更系统地掌握这个算法，我们还是来介绍一下它。

12.3.1　"朴素贝叶斯"又是什么

朴素贝叶斯算法其实源于贝叶斯定理。贝叶斯定理的提出者是托马斯·贝叶斯（见图 12.10）。

图 12.10　托马斯·贝叶斯

贝叶斯定理是非常重要且实用的定理。举一个例子，假设我们计划买一只股票，肯定希望买入之后它就会涨停（俗话叫"抓涨停板"），但要做到这一点是非常困难的。

不过有了贝叶斯定理的加持，事情可能就变得稍微简单一些了。我们可以这样来尝试：首先我们针对某只股票的历史数据，统计出它涨停的概率；然后分析一下它在涨停前成交量的变化，计算出"如果该股票涨停，则前一日成交量显著增加"的概率。

看到这儿，估计大家也猜到了，如果股票涨停的前一日成交量显著增加的概率非常高，那我们每天下单买前一日成交量显著增加的股票，就更容易抓到"涨停板"了。当然这是我们感性的认知，如果用贝叶斯定理来描述一下，则情况可能是这样的：

- 某只股票涨停的概率，计为 P（涨停），等于 5%；
- 该股票每次涨停前一日，成交量显著增加的概率，计为 P（成交量增加 | 涨停），等于 60%；
- 该股票在过去的时间中，成交量显著增加的概率，计为 P（成交量增加），假设为 4%；
- 该股票成交量显著增加，次日涨停的概率，计为 P（涨停 | 成交量增加）。

根据贝叶斯定理：想知道成交量显著增加的股票在次日涨停的概率，计算方法为

$$p(\text{涨停} \mid \text{成交量增加}) = \frac{P(\text{成交量增加} \mid \text{涨停}) \cdot P(\text{涨停})}{P(\text{成交量增加})} = 0.6 \times \frac{0.05}{0.04} \times 100\% = 75\%$$

要是上面的假设全部成立，那么根据贝叶斯公式，只要我们每次都买入前一日成交量显著增加的股票，就会有 75% 的概率抓到"涨停板"了。

注意：此处只是为了介绍贝叶斯公式，文中所涉及的概率没有经过严格的计算。实际的情况肯定要比我们在这里做的假设要复杂得多，所以请读者朋友不要依据本例的方法进行交易。

12.3.2　为贝叶斯模型准备数据

如果要判断一条新文本包含的是正面情绪还是负面情绪，则模型需要先在已经增加了极性标签的数据中去分别学习包含正面情绪的文本中的各个词汇出现的概率及包含负面情绪的文本中的各个词汇出现的概率，然后根据这条文本包含的词汇来预测该文本包含某种情绪的概率。在文本分类这个领域，朴素贝叶斯算法算是常用的算法之一了。

话不多说，下面咱们就来操作一下试试看。输入代码如下：

```
#使用数据集中的text作为特征
X = df['text']
#polarity作为标签
y = df['polarity']
#创建一个TfidfVectorizer的实例
vectorizer = TfidfVectorizer()
#使用Tfidf将文本转化为向量
X = vectorizer.fit_transform(X)
#看看特征长什么样子
X
```

运行代码，系统会返回图 12.11 所示的结果。

```
<9214x14503 sparse matrix of type '<class 'numpy.float64'>'
      with 56565 stored elements in Compressed Sparse Row format>
```

图 12.11　转化为向量的数据集特征

【结果分析】从图 12.13 中可以看到，在使用 Tfidf 将文本转化为向量之后，数据集的特征成为一个 9214 行（也就是 4607+4607）14503 列的稀疏矩阵。有关 Tfidf 的详见第 11 章，这里不再赘述。对于一个数据集来说，这个特征的维度有点儿高。这也给我们后面所讲的内容埋下一个伏笔，在后面的章节中，我们还会试着解决这个问题。

12.3.3　开始训练贝叶斯模型并评估其性能

现在我们已经把原始的文本数据集转化为可以用来训练模型的稀疏矩阵了，接下来开始进行模型的训练工作。按照惯例，我们先把数据集拆分为训练集和验证集，以便于对模型的性能进行评估。输入代码如下：

```
#把数据集拆分为训练集和验证集
#这里设置random_state为30
#便于复现
X_train, X_test, y_train, y_test =\
train_test_split(X,y,random_state = 30)
#检查拆分结果
X_train.shape
```

运行代码，可以得到如下结果：

```
(6910, 14503)
```

【结果分析】我们知道，在缺省参数的情况下，train_test_split 默认的拆分方法是将数据集中 75% 的样本作为训练集，将其余 25% 的样本作为验证集。经过拆分之后，在全部 9214 条数据中，训练集中的样本数量为 6910 个。当然，特征数量不变，仍然是 14503 个。

下面可以开始训练一个朴素贝叶斯模型。这里要说明的是，朴素贝叶斯包含了一系列算法——贝努利朴素贝叶斯、多项式朴素贝叶斯、高斯朴素贝叶斯。其中，贝努利朴素贝叶斯适用于样本特征符合贝努利分布（或者说二值分布）的情况；高斯朴素贝叶斯适用于非稀疏矩阵。在这种情况下，多项式朴素贝叶斯更加适用。于是我们就选择多项式朴素贝叶斯来进行模型的训练。输入代码如下：

```
#导入scikit-learn中的朴素贝叶斯
from sklearn import naive_bayes
#创建一个多项式朴素贝叶斯分类器
clf = naive_bayes.MultinomialNB()
#使用训练集训练模型
clf.fit(X_train, y_train)
#检查模型在验证集中的准确率
print('模型在验证集中的准确率为：%.2f'%(clf.score(X_test, y_test)))
```

运行代码，可以得到以下结果：

模型在验证集中的准确率为：0.86

【结果分析】从代码运行结果可以看到，多项式朴素贝叶斯模型在验证集中的得分达到了 86%。这个分数虽然不是一个特别高的分数，但仍然具有一定的指导意义。对于小瓦在本章开头提出的问题，在一定程度上，使用朴素贝叶斯进行文本分类的方法。

具体来说，对于一条新的股评数据，我们就可以使用这个训练好的模型来进行预测，并给出交易信号。下面我们随机抽一条股评数据来进行实验。输入代码如下：

```
#抽取数据集中序号为5127的数据
df.iloc[5127]
```

运行代码，可以得到以下结果：

```
text          周二 跌停
polarity           0
Name: 5127, dtype: object
```

【结果分析】我们随机抽取的这条股评数据很有意思，它只有两个词——"周二"和"跌停"。这很明显是一条包含负面情绪的文本数据。实际上，polarity 中存储的数值也确实是 0。

下面我们试试让模型对这条数据做出预测。如果预测值为 1，则模型给出买入建议，否则模型给出卖出建议。输入代码如下：

```
#使用模型对矩阵中序号为5127的数据做出预测
predict = clf.predict(X[5127])[0]
#如果预测值为1
if predict == 1:
    #给出买入建议
    print('快点买入')
#否则给出卖出建议
else:
    print('赶快清仓')
```

运行代码，可以得到以下结果：

赶快清仓

【结果分析】模型给出的分类与样本实际的分类是完全一致的——这条数据包含负面

情绪，也就是 polarity 为 0，并且模型给出了卖出建议（或者说生成交易信号）。从这个角度来说，使用文本情感分析方法来对交易进行择时是一个值得研究的方向。

12.4 小结

在本章的开头，小瓦提出一个问题：能否让机器识别出市场投资者的情绪，并且根据判断的结果给出交易建议？为了实现这个想法，我们找到了已经分好类的股评语料数据，并对该数据进行了处理，制作成了能够用来训练模型的数据集。之后，我们介绍了在文本分类领域中常用的朴素贝叶斯算法，并使用多项式朴素贝叶斯算法训练了模型。最后我们使用训练好的模型对某条股评数据所包含的情绪信息进行预测，得到了正确的分类结果，并在一定程度上解答了小瓦的问题。在第 13 章中，咱们会和小瓦一起研究更"新潮"的技术。

第13章 咱也"潮"一把——深度学习来了

在第12章中，我们和小瓦一起使用朴素贝叶斯算法对股评数据进行了情感分析。回顾一下，到现在为止，我们已经学习了诸多机器学习的经典算法——KNN、线性模型、决策树、随机森林、支持向量机、朴素贝叶斯。掌握这些知识之后，不管是在量化交易领域，还是在其他的业务场景中，小瓦都可以进行一些简单的应用了。不过小瓦很"贪心"，她想知道，为什么没有教她时下最热门、最新潮的算法——深度学习。在本章，我们就和小瓦一起初步探索深度学习在量化交易当中的应用方法。

本章的主要内容如下。

- 深度学习的工具。
- 使用 Keras 的 Tokenizer 提取文本特征。
- 将文本数据转化为序列。
- 对序列进行填充。
- 将序列转化为矩阵。
- 构建简单的神经网络并训练。

13.1 开始研究前的准备

深度学习也火了几年了。关于它的介绍，我们在网上一搜一大把。在深度学习中，我们主要使用的算法是神经网络算法。神经网络是由多个层组成的，这也是"深度学习"中"深度"二字的由来。对于小瓦来说，她倒是可以先不用了解太多深度学习背后的理论，可以先上手实践一下，在实践的过程中，再逐步理解深度学习背后的原理。

13.1.1　翻翻工具箱，看看有什么

要说近几年来较火的深度学习框架，Google 旗下的 TenserFlow 是其中之一。就连小瓦这种不是学相关专业的姑娘也听过 TensorFlow 的大名。TensorFlow 是一个开源软件库，可以用于各种感知和语言理解任务的机器学习（做文本分类也不在话下），所以这个工具看起来应该比较适合我们。为了不让小瓦自己从头配置 TensorFlow，干脆我们看看平台有没有直接给我们提供 TensorFlow。

现在我们在"聚宽"平台的研究环境中新建一个 Notebook 文件。输入代码如下：

```
#先来看看平台是否提供了tensorflw
!pip show tensorflow
```

运行代码，可以得到图 13.1 所示的结果。

```
Name: tensorflow
Version: 1.12.2
Summary: TensorFlow is an open source machine learning framework for everyone.
Home-page: https://www.tensorflow.org/
Author: Google Inc.
Author-email: opensource@google.com
License: Apache 2.0
Location: /opt/conda/lib/python3.6/site-packages
Requires: tensorboard, grpcio, numpy, wheel, absl-py, astor, keras-preprocessing,
as-applications
Required-by:
```

图 13.1　查询平台是否安装了 TensorFlow

【结果分析】在图 13.1 中，我们可以看到平台已经安装好了 TensorFlow，版本是 1.12.2。既然如此，那就不要怪我们"薅羊毛"了。有不需要自己配置又可以免费使用的，何乐而不为呢？

考虑到小瓦完全没有 TensorFlow 的使用经验，再加上 TensorFlow 的学习成本有点高，我们再看看是不是可以先从 Keras 入手，让小瓦能够更加快速地上手实验。Keras 是一个用 Python 编写的开源神经网络库，能够在 TensorFlow、Microsoft Cognitive Toolkit、Theano 或 PlaidML 之上运行。也就是说，基于 TensorFlow、Theano 等深度学习框架之一，Keras 才可以用来构建神经网络。Keras 是一个接口，而非独立的机器学习框架，可以提供更高级别、更直观的抽象集。无论使用何种计算后端，用户都可以通过 Keras 轻松地开发深度学习模型。也就是说，对于新手来说，Keras 要友好很多。

既然如此，我们也来看看平台是否已经集成了 Keras。输入代码如下：

```
#如果有keras就更好了
!pip show keras
```

运行代码，可以得到如图 13.2 所示的结果。

```
Name: Keras
Version: 2.2.4
Summary: Deep Learning for humans
Home-page: https://github.com/keras-team/keras
Author: Francois Chollet
Author-email: francois.chollet@gmail.com
License: MIT
Location: /opt/conda/lib/python3.6/site-packages
Requires: keras-preprocessing, six, keras-applications, numpy, h5py, pyyaml, scipy
Required-by:
```

图 13.2 查询平台是否安装了 Keras

【结果分析】这可真是一个好消息，平台已经安装了 Keras，版本是 2.2.4。

下面我们再来验证一下 Keras 是否是使用 TensorFlow 作为后端。输入代码如下：

```
#导入keras，看看在用什么后端
import keras
```

导入 Keras，系统就会提示它所用的后端，如图 13.3 所示。

```
Using TensorFlow backend.
```

图 13.3 导入 Keras 后提示所用的后端

【结果分析】从图 13.3 中可以看到，Keras 所用的后端果然是 TensorFlow。至此，用来构建神经网络的工具都准备好了，我们可以进行下一步工作了。

13.1.2 为神经网络准备数据

其实不管叫什么名字的算法，我们用算法来完成的任务无外乎分类、回归等。神经网络也不例外（当然 GAN 对抗生成网络另当别论），也可以用于分类和回归。对于感知类任务，神经网络的优势是非常明显的。在第 12 章中，我们所做的股评文本情感分析任务也属于一种感知类任务。既然这样，我们就复用第 12 章中的数据，用神经网络来进行情感分类，看看效果如何。首先我们导入必要的库。输入代码如下：

```
#导入要用到的库
```

```
import numpy as np
import pandas as pd
#这次我们使用Keras内置的Tokenizer来处理文本数据
from keras.preprocessing.text import Tokenizer
#导入一个用来填充序列的工具
from keras.preprocessing.sequence import pad_sequences
#导入全连接层和Dropout层
from keras.layers import Dense, Dropout
#导入model类中的Sequential
from keras.models import Sequential
```

运行代码，我们就完成了必要库的导入。接下来，我们载入在第 12 章中用过的已经做好分类的股评文本。载入数据的代码如下：

```
#这个单元格中的内容就是在第12章中用过的
#载入数据并添加极性标签
#并合成一个DataFrame的代码
#本章中就不逐行注释了
pos_corpus = []
with open('positive.txt','r') as f:
    for sent in f:
        pos_corpus.append(sent.replace('\n', ''))
neg_corpus = []
with open('negtive.txt', 'r') as f:
    for sent in f:
        neg_corpus.append(sent.replace('\n', ''))
pos_df = pd.DataFrame(pos_corpus, columns=['text'])
pos_df['polarity'] = 1
neg_df = pd.DataFrame(neg_corpus, columns=['text'])
neg_df['polarity'] = 0
df = pd.concat([pos_df, neg_df]).reset_index(drop = True)
#检查一下DataFrame的信息
df.info()
```

我们在第 12 章中已经练习过上面的代码，这里就不详细讲解了。运行代码，可以得到如图 13.4 所示的结果。

```
<class 'pandas.core.frame.DataFrame'>
RangeIndex: 9214 entries, 0 to 9213
Data columns (total 2 columns):
text        9214 non-null object
polarity    9214 non-null int64
dtypes: int64(1), object(1)
memory usage: 144.0+ KB
```

图 13.4　数据载入并制作数据集

【结果分析】从图 13.4 中可以看到，现在的数据集中有 9214 条记录，且有 2 列。这说明我们完成了数据的载入、打标及合并的工作。

13.2　使用 Keras 对文本进行预处理

在第 12 章中，我们学过，要想用文本数据来训练模型，要先对文本数据进行处理，将它们转化为向量。当时我们使用的工具是 scikit-learn 中的 CountVectorizer 和 TfidfVectorizer。这两个工具是比较好用的。在本章中，我们还要学习一个新的工具——Keras 内置的文本预处理工具。

13.2.1　使用Tokenizer提取特征

在 Keras 中，文本预处理模块 processiong.text 中的 Tokenizer 类能做的事情和 CountVectorizer 是基本相同的——把文本转化为向量。Tokenizer 的使用方法也非常简单。下面的代码展示了如何使用 Tokenizer 提取文本中的特征。

```
#首先还是将文本作为样本特征
X = df['text']
#极性标签作为目标
y = df['polarity'].astype('int')
#这里使用Keras中的Tokenizer来进行向量的转化
#filter参数可以就使用下面这行代码中的
#这样一般的标点符号和特殊字符就会被过滤出去
tokenizer = Tokenizer(filters = '!"#$%&()*+,-./:;<=>?@[\\]^_`{|}~\t\n',
                      lower = True, split=" ")
#用tokenizer拟合文本数据
tokenizer.fit_on_texts(X)
#文本特征存储在word_index中
vocab = tokenizer.word_index
#检查一下特征的数量
len(vocab)
```

运行代码，会得到以下结果。

```
15644
```

【**结果分析**】Tokenizer 是 Keras 内置的文本数据预处理工具，它的作用也是将文本转化为向量。其原理其实和 scikit-learn 中的 CountVectorizer 的原理非常接近，即通过每个词在文档中出现的次数来生成一个特征字典，再根据特征字典将每条文本中出现的词转化为数字。Tokenizer 生成的特征字典就存储在 word_index 中。我们可以看到，该字典中存储了 15644 个特征。

如果大家想知道 word_index 中存储的字典是什么样子，可以使用下面的代码来查看。

```
#查看一下前几个特征
slice_dict = {k: vocab[k] for k in list(vocab.keys())[0:10]}
slice_dict
```

运行代码，可以得到如图 13.5 所示的结果。

```
{'不': 1,
 '今天': 2,
 '大': 3,
 '涨停': 4,
 '明天': 5,
 '跌': 6,
 '大盘': 7,
 '都': 8,
 '涨': 9,
 '股': 10}
```

图 13.5　特征字典中存储的前 10 个键

【**结果分析**】这里我们从 word_index 中取出来前 10 个键，可以看到，第一个特征是"不"，对应的值是 1；第二个特征是"今天"，对应的值是 2；依次类推。这个字典将会被用来将文本转化为向量。

13.2.2　将文本转化为序列

在 13.2.1 节中，我们使用 Tokenizer 中的 fit_on_texts 方法提取出了文本数据中的特征。fit_on_texts 方法的作用和 scikit-learn 中 CountVectorizer 的 fit 方法的作用是相同的。与 CountVectorizer 的 transform 方法对应的是 texts_to_sequences 方法。texts_to_sequences 方法的作用是把原始的文本转为序列。

```
#这里导入scikit-learn的数据集拆分工具
from sklearn.model_selection import train_test_split
```

```
#将数据集拆分为训练集和验证集
X_train, X_test, y_train, y_test =\
train_test_split(X, y, random_state = 30)
#使用texts_to_sequences就可以把文本转化为序列
#这个序列可以看成数组
X_train_ids = tokenizer.texts_to_sequences(X_train)
```

运行代码之后，我们就完成了将训练集中的文本转化为序列的工作了。大家可能想知道在这个过程中发生了什么。下面我们就来对比一下原始的训练集和转化为序列的训练集。输入代码如下：

```
#与原始的训练集对比一下
#大家就明白texts_to_sequences的作用了
X_train[:5]
```

运行代码，可以得到如图 13.6 所示的结果。

```
3467      目前 走势 良好 继续 持股 观望
8296          伊利 行情 会 不会 一日游
6357             现在 价位 盈利 真 不信
3729      不要 后知后觉 尾盘 大涨 酷 酷
9196      收市 前仓底 应该 呵呵 继续 跌
Name: text, dtype: object
```

图 13.6　原始训练集的前 5 条样本

现在我们再来看一下转化成序列的数据。输入代码如下：

```
#检查转化后的训练集
X_train_ids[:5]
```

运行代码，可以得到如图 13.7 所示的结果。

```
[[110, 70, 1066, 18, 102, 403],
[1812, 48, 16, 300, 14683],
[59, 753, 409, 106, 2925],
[86, 9892, 51, 165, 857, 857],
[2461, 15632, 99, 314, 18, 6]]
```

图 13.7　转化为序列的训练集前 5 条样本

【结果分析】对比图 13.6 和图 13.7，我们可以发现，texts_to_sequences 方法是根据 word_index 中存储的特征字典，将每条数据中的文本转化成了对应的数字。例如，第一条中的"目前"转化成 110，"走势"转化成 70，"良好"转化成 1066 等。这样我们就对原始的数据完成了从文本到序列的转化。

13.2.3 填充序列与转化矩阵

如果大家仔细观察图 13.7，就会发现一个现象：在所给的 5 个样本中，有的样本有 6 个特征值，如第 1 个样本；而有的样本只有 5 个特征值，如第 2 个样本。也就是说，数据集的样本存在特征数量不一致的问题。这样的样本无法用于训练模型。因此，我们还需要把样本的数量统一才行。下面我们介绍第一种方法——填充序列。输入代码如下：

```
#如果要让所有样本向量化后的特征数量一致
#就要用到填充序列的方法pad_sequences
#例如我们指定maxlen为64，也就是会让Keras保留出现次数最多的64个词作为特征
X_train_padded = pad_sequences(X_train_ids,maxlen = 64)
#检查一下填充后的序列
X_train_padded[:5]
```

运行代码，可以得到如图 13.8 所示的结果。

```
array([[0, 0, 0, 0, 0, 0, 0, 0, 0, 0, 0, 0, 0, 0, 0, 0, 0, 0, 0, 0, 0, 0,
        0, 0, 0, 0, 0, 0, 0, 0, 0, 0, 0, 0, 0, 0, 0, 0, 0, 0, 0, 0, 0, 0,
        0, 0, 0, 0, 0, 0, 0, 0, 0, 0, 0, 0, 110, 70, 1066, 18, 102,
        403],
       [0, 0, 0, 0, 0, 0, 0, 0, 0, 0, 0, 0, 0, 0, 0, 0, 0, 0, 0, 0, 0, 0,
        0, 0, 0, 0, 0, 0, 0, 0, 0, 0, 0, 0, 0, 0, 0, 0, 0, 0, 0, 0, 0, 0,
        0, 0, 0, 0, 0, 0, 0, 0, 0, 0, 0, 0, 0, 1812, 48, 16, 300,
        14683],
       [0, 0, 0, 0, 0, 0, 0, 0, 0, 0, 0, 0, 0, 0, 0, 0, 0, 0, 0, 0, 0, 0,
        0, 0, 0, 0, 0, 0, 0, 0, 0, 0, 0, 0, 0, 0, 0, 0, 0, 0, 0, 0, 0, 0,
        0, 0, 0, 0, 0, 0, 0, 0, 0, 0, 0, 0, 0, 59, 753, 409, 106,
        2925],
       [0, 0, 0, 0, 0, 0, 0, 0, 0, 0, 0, 0, 0, 0, 0, 0, 0, 0, 0, 0, 0, 0,
        0, 0, 0, 0, 0, 0, 0, 0, 0, 0, 0, 0, 0, 0, 0, 0, 0, 0, 0, 0, 0, 0,
        0, 0, 0, 0, 0, 0, 0, 0, 0, 0, 0, 0, 0, 86, 9892, 51, 165, 857,
        857],
       [0, 0, 0, 0, 0, 0, 0, 0, 0, 0, 0, 0, 0, 0, 0, 0, 0, 0, 0, 0, 0, 0,
        0, 0, 0, 0, 0, 0, 0, 0, 0, 0, 0, 0, 0, 0, 0, 0, 0, 0, 0, 0, 0, 0,
        0, 0, 0, 0, 0, 0, 0, 0, 0, 0, 0, 0, 0, 2461, 15632, 99, 314,
        18, 6]], dtype=int32)
```

图 13.8　使用 pad_sequences 进行序列填充

【结果分析】对比图 13.8 与图 13.9，我们可以看到，原本特征数量不同的样本，在使用 pad_sequences 方法进行填充后，特征数量变得统一了——特征数量都是 64 个。也就是说，在出现次数最多的 64 个词中，如果某个样本里没有这个词，相应特征值就会用 0 来进行填充，以便于样本特征数量一致，或者说，转化成了张量（tensor，TensorFlow 就是对张量进行计算的，而 Keras 又是使用 TensorFlow 做后端的），并能够用来进行模型的训练。

除了使用 pad_sequences 实现这样的效果之外，我们还可以可用 tokenizer 中的 sequences_to_matrix 将数据转化为矩阵（matrix）。输入代码如下：

```
#当然，我们还可以使用sequences_to_matrix来保留全部的特征
```

```
X_train_matrix = tokenizer.sequences_to_matrix(X_train_ids,
mode='binary')
#转化成matrix后的特征数量
len(X_train_matrix[0])
```

运行代码，可以得到以下结果：

```
15645
```

【结果分析】从图 13.10 中可以看到，在使用 sequences_to_matrix 方法之后，样本的特征数量变成了 15645 个，而且特征是以 one-hot 二进制形式表示的。例如，某个文本中有"不"这个词，则"不"对应的特征值为 1，否则为 0。

注意：实际上，先使用 scikit-learn 中的文本向量化工具对文本进行预处理后，再由 Keras 来进行模型的训练，也是可以的。这里是为了让读者朋友对 Keras 这个框架有更加全面的了解。

13.3 使用 Keras 构建简单神经网络

实际上，神经网络并不是特指某一种算法，而是一类算法的统称，包括卷积神经网络、循环神经网络、对抗生成网络等。这里我们就从最简单的多层感知机（Multilayer Perceptron，MLP）开始介绍神经网络的使用方法。

13.3.1 先动手"撸"一个多层感知机

鉴于我们考虑让小瓦先动手实践，再了解原理，那不如就先动手来"撸"一个多层感知机神经网络。在 Keras 中，实现神经网络最简单的方式是，使用 Sequential 模块来搭建模型。这种方法就像"搭积木"一样，把各个层堆叠在一起，非常直观、简单。输入代码如下：

```
#搭建模型
#这里我们使用Sequential模型
model = Sequential()
#首先向模型添加一个全连接层
#包含16个隐藏单元，激活函数为relu
#input_shape选择样本特征的数量
```

```
model.add(Dense(16, input_shape = (len(vocab)+1,), activation =
'relu'))
#添加一个Dropout层，以降低过拟合的风险
model.add(Dropout(0.5))
#最后一个全连接层，激活函数为sigmoid
#输出的结果是样本属于分类1的概率
model.add(Dense(1, activation='sigmoid'))
#几个隐藏层堆叠好后，对模型进行编译
model.compile(loss = 'binary_crossentropy',
              optimizer = 'adam',
              metrics = ['accuracy'])
#查看模型概况
model.summary()
```

运行代码，可以得到如图 13.9 所示的结果。

Layer (type)	Output Shape	Param #
dense_1 (Dense)	(None, 16)	250336
dropout_1 (Dropout)	(None, 16)	0
dense_2 (Dense)	(None, 1)	17

Total params: 250,353
Trainable params: 250,353
Non-trainable params: 0

图 13.9　使用 Keras 构建的模型概况

【结果分析】从图 13.9 中可以看到，我们使用 Keras 搭建了一个非常简单的模型。使用 Sequential 搭建模型的好处是，我们要用到的各个隐藏层被堆叠到了一起。例如，第一层是一个全连接层（Dense），它的节点设置为 16，所以输出的数据形态也是 16；第二层是一个 Dropout 层，它输出的数据形态也是 16；第三层是用于输出分类结果的，它输出的数据形态是 1，也就是某个样本属于分类 1 的概率。

不知道广大的读者朋友看到这里有什么想法，但是小瓦"小小的脑袋"里充满了"大大的疑惑"。虽然 model.summary( ) 给出了模型的概况，但是小瓦还是似懂非懂。为了照顾和小瓦水平差不多的朋友，接下来，我们再详细解释一下。

13.3.2　念叨一下多层感知机的原理

要理解多层感知机（也称为全连接层神经网络），我们可以先回忆一下曾经学习过的线性模型，它的一般公式是

$$\hat{y} = w[0] \cdot x[0] + w[1] \cdot x[1] + \cdots + w[p] \cdot x[p] + b$$

用图形表示的线性模型如图 13.10 所示。

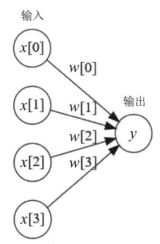

图 13.10　用图形表示的线性模型

在图 13.12 中，$x[0] \sim x[3]$ 表示样本的特征。每一个特征都有一个对应的权重。通过所给公式，我们可以计算出一个输出的估计值 $\hat{y}$（$\hat{y}$ 表示目标的估计值）。而模型要做的工作，就是让这个估计值和真实值的差尽可能地小。

在多层感知机当中，模型会变成如图 13.11 所示的样子。

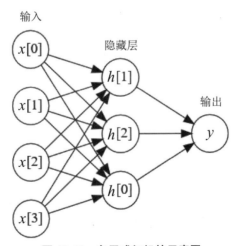

图 13.11　多层感知机的示意图

大家可以看到，与图 13.10 不同的是，多层感知机多了一个隐藏层，而这个隐藏层包含 3 个节点。每个节点都会对特征进行一次线性模型的计算。模型最后会对各个节点的计算结果进行计算，以便得到最终的结果。

13.3.3　再来说说激活函数

到这里，大家可能会问，既然在多层感知机的隐藏层中，每个节点都会进行一次线性模型的计算，那么最后得到的结果与单纯使用线性模型又有什么区别呢？为了解决这个问题，我们还要引入激活函数（activation）。例如，在 13.3.1 节中，我们构建的模型在第一个隐藏层里用到的激活函数是 relu（线性整流函数）。它的作用是把隐藏节点计算的结果变成如图 13.12 所示的样子。

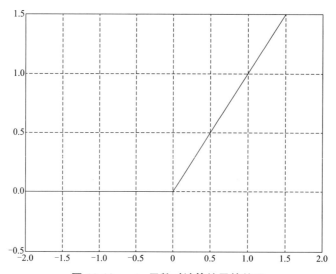

图 13.12　relu 函数对计算结果的处理

从图 13.12 中可以看到，relu 函数其实就是把所有的负值都归零了。如果要用公式来表达的话，则公式可以写成下面这样：

$$f(x) = \max(0, x)$$

如果计算结果大于 0，则这个结果保持不变；如果计算结果小于 0，则结果取 0。这样一来，每个隐藏节点的计算结果就与原始线性模型计算的结果不一样了。用术语来说就是，模型增加了非线性。

模型在最后一个隐藏层中使用了激活函数 sigmoid，这又是为什么呢？这是因为，通过模型计算出来的数值的范围可能是 −100 ～ +100（也可能是 −1000 ～ +1000），但是我们想要模型告诉我们这个样本究竟是属于分类 0（也就是负面情绪）还是分类 1（也就是正面情绪），所以模型应该给我们返回一个 0 ～ 1 之间的数字——这个数字越大，样本就越可能属于分类 1；反之，样本越可能属于分类 0。

正好 sigmoid 函数提供了这样的功能，它会把计算结果变成如图 13.13 所示的样子。

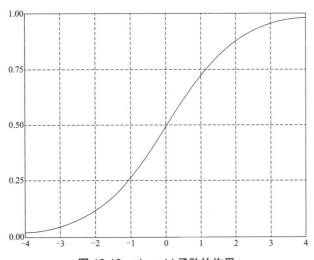

图 13.13 sigmoid 函数的作用

从图 13.13 中可以看到，sigmoid 函数会将模型计算的结果"压缩"到 0 ～ 1。如果用公式来表达的话，则公式是下面这个样子的：

$$\sigma(x) = \frac{1}{1+e^{-x}}$$

这就是我们在最后一个隐藏层中使用 sigmoid 函数的原因。

注意：实际上，激活函数除了 relu 和 sigmoid 之外，还有 tanh，这里我们暂不介绍。之后如果用到的话，我们再详细讲解。

13.3.4　Dropout层又是干吗的

可能读者朋友和小瓦一样，也发现了我们在两个全连接层中还插入了一个 Dropout 层。那么这个层又是做什么用的呢？

在机器学习领域，过拟合是一个需要格外注意的问题。也就是说，模型在训练集中获得了比较高的预测性能，但是在验证集或测试集中的表现却比较差。解决模型过拟合的问题的方法有很多。添加 Dropout 层就是常用的方法之一。

Dropout 其实是一种正则化的方法。它的工作原理其实很好理解，就是把前一个隐藏层计算出的结果"扔掉"一部分（把它们变成 0）。例如，我们在模型中添加的 Dropout 层参数为 0.5，也就是说它会将前一层的计算结果"扔掉"50%。这个方法听起来有点诡异，不过它的本质是向某一层的计算结果中添加噪声数据，以便于打破数据中隐藏的一些偶然模式，并且降低过拟合的风险。

当然，除了 Dropout 正则化之外，也可以像岭回归或套索回归那样，使用 L1 正则化或 L2 正则化——通过直接调整特征前面的权重来降低过拟合。我们还可以通过减小神经网络的规模来避免过拟合。例如，第一个隐藏层包含了 16 个隐藏单元，如果将隐藏单元减少到 8 个，则过拟合的风险就会降低了（当然可能会增加欠拟合的风险）。因此，使用这种方法，我们就需要慢慢调节神经网络的结构，以便得到最佳的效果。

13.3.5 训练一下，看看效果如何

说了那么多，我们的第一个神经网络模型到底表现如何呢？接下来我们就来对它进行训练，并查看一下模型的表现如何。输入代码如下：

```
#开始训练模型
#使用128个样本组成的小批量
#进行10个轮次的训练
#指定转化为矩阵的验证集作为验证数据
hist = model.fit(X_train_matrix, y_train,
                batch_size=128,
                epochs=10,
                validation_data=(X_test_matrix, y_test))
#找到模型训练过程中最高的准确率
best_acc = max(hist.history['val_acc'])
#检查最高准确率是多少
best_acc
```

运行代码，可以得到如图 13.14 所示的结果。

```
Train on 6910 samples, validate on 2304 samples
Epoch 1/10
6910/6910 [==============================] - 2s 354us/step -
s: 0.6607 - acc: 0.6783 - val_loss: 0.6091 - val_acc: 0.8138
Epoch 2/10
6910/6910 [==============================] - 2s 250us/step -
s: 0.5416 - acc: 0.8386 - val_loss: 0.5058 - val_acc: 0.8702
Epoch 3/10
6910/6910 [==============================] - 2s 248us/step -
s: 0.4394 - acc: 0.8822 - val_loss: 0.4352 - val_acc: 0.8811
Epoch 4/10
6910/6910 [==============================] - 2s 250us/step -
s: 0.3649 - acc: 0.9020 - val_loss: 0.3872 - val_acc: 0.8845
Epoch 5/10
6910/6910 [==============================] - 2s 254us/step -
s: 0.3089 - acc: 0.9227 - val_loss: 0.3538 - val_acc: 0.8885
Epoch 6/10
6910/6910 [==============================] - 2s 253us/step -
s: 0.2699 - acc: 0.9318 - val_loss: 0.3314 - val_acc: 0.8911
Epoch 7/10
6910/6910 [==============================] - 2s 245us/step -
s: 0.2323 - acc: 0.9466 - val_loss: 0.3140 - val_acc: 0.8928
Epoch 8/10
6910/6910 [==============================] - 2s 253us/step -
s: 0.2087 - acc: 0.9501 - val_loss: 0.3022 - val_acc: 0.8928
Epoch 9/10
6910/6910 [==============================] - 2s 257us/step -
s: 0.1847 - acc: 0.9573 - val_loss: 0.2933 - val_acc: 0.8950
Epoch 10/10
6910/6910 [==============================] - 2s 253us/step -
s: 0.1691 - acc: 0.9603 - val_loss: 0.2869 - val_acc: 0.8958
```

```
0.8958333333333334
```

图 13.14　模型的训练过程

【**结果分析**】在上面的代码中，我们指定模型一共训练 10 个轮次，所以图 13.14 所示模型包含了 10 次训练结果。从图 13.14 右上角方框中可以看到，模型在验证集中的准确率保存在 val_acc 当中。第一个轮次训练结束后，模型的准确率只有 81.38%，随后一路上升。在第二个轮次中，模型的准确率就达到了 87.02%，而到第十个轮次的时候，模型的准确率高达 89.58%。通过查询 val_acc 最大值，可以看到，在整个训练过程中，最高的准确率确实就是 89.58%（图 13.14 中左下角方框中的数字），也就是模型经过十个轮次训练之后的准确率。这个准确率超过了第 12 章中朴素贝叶斯模型的准确率。

当然，我们也可以使用模型尝试对某一个样本进行预测，看看是否准确。输入代码如下：

```
#使用模型进行预测的方法和scikit-learn也比较接近
#我们可以随意挑一个来试试
model.predict([X_test_matrix[:1]])
```

运行代码，会得到如图 13.15 所示的结果。

```
array([[0.6495502]], dtype=float32)
```

图 13.15　选择验证集中的第一个样本来进行测试

【结果分析】在图 13.15 中可以看到，经过 sigmoid 函数的处理，模型对验证集中第一个样本的预测结果大约是 0.6496。也就是说，这个样本约有 65% 的概率属于分类 1（正面情绪）。

为了验证模型的预测结果是否正确，我们来检查一下这个样本的极性标签。输入代码如下：

```
#与真实值做对比，看看模型的预测结果是否正确
y_test[:1]
```

运行代码，可以得到如图 13.16 所示的结果。

```
3596     1
Name: polarity, dtype: int64
```

图 13.16　该样本的真实分类标签

【结果分析】从图 13.16 中可以看到，这条样本在原数据集中的序号是 3596。它的极性（polarity）标签是 1，与模型的预测结果是一致的。因此，针对这个样本，模型的预测结果是正确的。

13.4　小结

在本章中，我们开始让小瓦接触更"潮流"的技术——深度学习。虽然在接触深度学习之前，小瓦觉得深度学习是一个比较难以掌握的技术，但好在有 Keras 这样的深度学习框架，让小瓦也能够快速实现一个简单的神经网络模型。万事开头难，在掌握了多层感知机之后，要想学习诸如卷积神经网络和循环神经网络，也就不是什么难事了。没错！在第 14 章中，我们就要带着小瓦来学习卷积神经网络和循环神经网络，也欢迎读者朋友跟着小瓦一起，开始更有趣的研究和探索。

第14章 再进一步——CNN 和 LSTM

在第 13 章中，我们和小瓦一起学习了最简单的神经网络模型——多层感知机，并且用 Keras 作为工具，搭建了一个用来进行文本分类的多层感知机模型，而且这个模型的表现还是比较不错的——准确率超过了朴素贝叶斯模型。这让小瓦觉得，原来听起来"高大上"的神经网络也并不难实现啊！有了这样的基础之后，我们就可以让小瓦再接触一些不同类型的神经网络模型，如卷积神经网络（CNN）和长短期记忆网络（LSTM）。

本章的主要内容如下。

- 卷积神经网络的搭建。
- 卷积神经网络中的嵌入层。
- 卷积神经网络中的卷积层。
- 卷积神经网络中的最大池化层。
- 长短期记忆网络的搭建和原理。

14.1 先动手"撸"一个卷积神经网络

俗话说得好："Talk is cheap，show me the code。"小瓦自己也觉得先学代码再研究原理的方式比较容易接受。那我们这里先使用 Python 来实现一个简单的卷积神经网络，再针对实例中的知识点进行讲解。

14.1.1 准备好库和数据集

在本章中，我们还是使用 Keras 来搭建卷积神经网络。为了方便大家阅读，在每一章中，我们都会新建一个 Notebook 文件，并且要在新的 Notebook 文件中导入必要的库。输入代码如下：

```
#首先导入必要的库
#有些库读者朋友可能不知道是做什么的
#没有关系，后面我们在用到的时候，会进行讲解
import gc
import numpy as np
import pandas as pd
from sklearn.model_selection import train_test_split
from keras.preprocessing.text import Tokenizer
from keras.preprocessing.sequence import pad_sequences
from keras.layers import Embedding, Dense, Activation, Input
from keras.layers import Convolution1D, Flatten, Dropout, MaxPool1D
from keras.layers import LSTM
from keras.layers.merge import concatenate
from keras.models import Model, Sequential
from keras.callbacks import Callback, EarlyStopping, ModelCheckpoint
```

运行代码之后，我们要用到的库就加载完成了，接下来我们要把数据集准备好。输入代码如下：

```
#此部分内容在第12、13章中用过的
#载入数据并添加极性标签
#并合成一个DataFrame的代码
#本章中就不逐行注释了
pos_corpus = []
with open('positive.txt','r') as f:
    for sent in f:
        pos_corpus.append(sent.replace('\n', ''))
neg_corpus = []
with open('negtive.txt', 'r') as f:
    for sent in f:
        neg_corpus.append(sent.replace('\n', ''))
pos_df = pd.DataFrame(pos_corpus, columns=['text'])
pos_df['polarity'] = 1
neg_df = pd.DataFrame(neg_corpus, columns=['text'])
neg_df['polarity'] = 0
df = pd.concat([pos_df, neg_df]).reset_index(drop = True)
#检查一下DataFrame的信息
df.info()
```

运行代码，可以得到如图 14.1 所示的结果。

```
<class 'pandas.core.frame.DataFrame'>
RangeIndex: 9214 entries, 0 to 9213
Data columns (total 2 columns):
text         9214 non-null object
polarity     9214 non-null int64
dtypes: int64(1), object(1)
memory usage: 144.0+ KB
```

图 14.1   数据集准备完毕

【**结果分析**】如果读者朋友也得到了与图 14.1 相同的结果，说明数据集的准备工作已经完成，我们可以进行下一步的工作了。

14.1.2   处理数据与搭建模型

对于处理数据的部分，小瓦已经比较熟悉了。输入代码如下：

```
#分配好数据集的特征和目标
X = df['text']
y = df['polarity'].astype('int')
#使用tokenizer对数据进行处理
#这部分在第13章中也是使用过的
tokenizer = Tokenizer(filters = '!"#$%&()*+,-./:;<=>?@[\\]^_`{|}~\t\n',
                      lower = True, split=" ")
#用tokenizer拟合文本数据
tokenizer.fit_on_texts(X)
#文本特征存储在word_index中
vocab = tokenizer.word_index
#拆分数据
X_train, X_test, y_train, y_test =\
train_test_split(X, y, random_state = 30)
#这次我们使用填充序列来训练模型
#也就是用pad_sequences来进行处理
X_train_word_ids = tokenizer.texts_to_sequences(X_train)
X_test_word_ids = tokenizer.texts_to_sequences(X_test)
#将训练集和验证集都转化为填充序列
#为了节省时间，我们设置序列的最大长度为16
X_train_padded_seqs = pad_sequences(X_train_word_ids, maxlen=16)
X_test_padded_seqs = pad_sequences(X_test_word_ids, maxlen=16)
```

运行代码后，训练集和验证集就转化成了已经填充好的序列。这里我们设置序列的最大长度为 16。这样做的目的主要是节省计算资源，让模型的训练时间更短。

接下来就到了搭建神经网络的部分了。这次我们还是先把代码放上来，再根据代码中

涉及的知识点进行详细讲解。输入代码如下:

```
#下面我们就开始搭建卷积神经网络
#首先建立一个输入,因为填充序列的长度是16
#所以Input的形态也要指定为16,数据类型为64位浮点数
main_input = Input(shape = (16,),dtype = 'float64')
#这里我们引入一个嵌入层,对输入的序列进行处理
embedder = Embedding(len(vocab)+1, 8, input_length = 16)
embed = embedder(main_input)
#先创建一个1维卷积神经层
cnn1 = Convolution1D(16, 3, padding='same', strides=1,
activation='relu')(embed)
#用一个最大池化层与cnn1堆叠
cnn1 = MaxPool1D(pool_size=8)(cnn1)
#创建第二个1维卷积层
cnn2 = Convolution1D(16, 4, padding='same', strides=1,
activation='relu')(embed)
#同样与最大池化层堆叠
cnn2 = MaxPool1D(pool_size=8)(cnn2)
#创建第三个1维卷积层
cnn3 = Convolution1D(16, 5, padding='same', strides=1,
activation='relu')(embed)
#与最大池化层堆叠
cnn3 = MaxPool1D(pool_size=8)(cnn3)
#将3个卷积层进行连接
cnn = concatenate([cnn1, cnn2, cnn3], axis=-1)
#使用一个Flatten层,把输入从高维压缩到1维
flat = Flatten()(cnn)
#添加一个Dropout层来进行正则化
drop = Dropout(0.2)(flat)
#最后是一个全连接层,用来输出模型结果
main_output = Dense(1, activation='sigmoid')(drop)
#这次使用Model来搭建模型,输入和输出分别是最初的输入和全连接层给出的输出
model = Model(inputs=main_input, outputs=main_output)
#最后对模型进行编译
model.compile(loss='binary_crossentropy',optimizer='adam',metrics=['accuracy'])
#查看模型的概述
model.summary()
```

运行代码,可以得到如图 14.2 所示的结果。

```
Layer (type)                    Output Shape        Param #      Connected to
==================================================================================
input_1 (InputLayer)            (None, 16)          0

embedding_1 (Embedding)         (None, 16, 8)       125160       input_1[0][0]

conv1d_1 (Conv1D)               (None, 16, 16)      400          embedding_1[0][0]

conv1d_2 (Conv1D)               (None, 16, 16)      528          embedding_1[0][0]

conv1d_3 (Conv1D)               (None, 16, 16)      656          embedding_1[0][0]

max_pooling1d_1 (MaxPooling1D)  (None, 2, 16)       0            conv1d_1[0][0]

max_pooling1d_2 (MaxPooling1D)  (None, 2, 16)       0            conv1d_2[0][0]

max_pooling1d_3 (MaxPooling1D)  (None, 2, 16)       0            conv1d_3[0][0]

concatenate_1 (Concatenate)     (None, 2, 48)       0            max_pooling1d_1[0][0]
                                                                 max_pooling1d_2[0][0]
                                                                 max_pooling1d_3[0][0]

flatten_1 (Flatten)             (None, 96)          0            concatenate_1[0][0]

dropout_1 (Dropout)             (None, 96)          0            flatten_1[0][0]

dense_1 (Dense)                 (None, 1)           97           dropout_1[0][0]
==================================================================================
Total params: 126,841
Trainable params: 126,841
Non-trainable params: 0
```

图 14.2　卷积神经网络模型概况

【结果分析】图 14.2 所示的模型与我们在第 13 章中看到的样子是非常近似的。从图 14.2 中可以看到，模型第一层是一个输入层（输入的数据是 16 列的填充序列），后面紧跟一个嵌入层（Embedding），然后分别是 3 个 1 维卷积层和 3 个最大池化层，接着是 Flatten 层、Dropout 层和用来输出结果的全连接层。

这个模型既有嵌入层，又有卷积层，还有最大池化层。这让小瓦有点"蒙圈"——这些词是什么意思？它们又是做什么用的呢？不要急，下面来逐一进行介绍。

14.2　卷积神经网络模型详解

在这个卷积神经网络模型中，有一些知识点是在前面的章节中没有涉及的。估计不光小瓦不太明白，可能没有接触过这些内容的读者朋友也是看得云里雾里。那么现在我们就针对这些知识点进行详细介绍。

14.2.1 嵌入层是干啥用的

说起模型中的嵌入层，这里就不得不说一下在自然语言处理领域中的词嵌入（word embedding）的概念。我们已经知道，如果要用文本数据来训练模型，就要先把文本转化为向量。在 scikit-learn 中，这项工作可以通过 CountVectorzier 和 TfidfVectorizer 来完成；在 Keras 中，这项工作可以通过 Tokenizer 来完成。这些方法都可以在高维的词空间中表示文档。我们可以让机器来评估文档的相似性，并创建特征来训练机器学习算法，对文档话题进行提取或对其中表达的情感进行分类。然而，这些向量忽略了某个单词的上下文，所以虽然包含相同单词的不同句子将由同一向量编码，但机器无法判断这些句子是否表达了同一个意思。

因此，这里我们要学习一种新的方法——使用算法来学习单个语义单位（如单词或段落）的向量表示。这些向量是密集的而不是稀疏的，并且维度比使用前面两种方法得到的向量的维度要低很多。这种方法是在连续向量空间中为每个语义单元指定一个位置，因此该方法被称为词嵌入。词嵌入的结果是训练一个模型将某个单词与其上下文关联起来。这样做的好处是，如果某个词在两段不同文本中的用法不同，则其转化后的向量也不一样。

完成词嵌入的过程，有两种常用的方法。

第一种方法，把嵌入层直接集成在模型中。也就是说，在完成分类模型训练的过程中，我们利用现有的数据集就完成了词嵌入的学习。

第二种方法，需要使用预训练词嵌入模型（Pre-trained word embedding）计算好词向量，再将其加载到神经网络模型中。

那么在实践当中，我们如何来选择词嵌入方法呢？一般来讲，如果数据集中的样本不够多的话，那我们很难从已有数据集中获得效果良好的词嵌入，这样一来就要考虑使用预训练的词嵌入空间，并把向量加载到模型当中。需要大家注意的是，目前世界上并没有一个完美的预训练词嵌入模型能够解决所有的问题。要解决一些特定场景的问题，而并非通用问题的时候，每次单独进行词嵌入学习的效果会更好一些。

我们再来说说 Keras 中的嵌入层。在这个例子中，我们使用的代码如下：

```
embedder = Embedding(len(vocab)+1, 8, input_length = 16)
```

在这一行代码中，我们设置了 3 个参数，分别是 input_dim、output_dim 和 input_length。这 3 个参数的意义如下。

- input_dim：输入的词汇表的大小，也就是我们使用 Tokenizer 拟合文本数据后生成的词汇表的长度 +1，所以是 len(vocab)+1。
- output_dim：嵌入层输出的词向量的维度。这里为了进行演示，我们把 output_dim 设置得比较小，即 8。
- input_length：输入的序列的长度。因为我们在使用 pad_sequences 这一步指定了填充序列的长度是 16，embedding 层的 input_length 也要保持一致，因此这里也要设置为 16。

14.2.2 卷积层是干啥用的

在嵌入层之后，我们还创建了 1 维卷积层（Convolution1D）和最大池化层（MaxPool1D）。小瓦第一次接触也是这两个东西，所以下面我们再说说这两个层是什么，以及它们的作用。

先来说一说卷积层里的"卷积"。实际上，"卷积"二字代表的是数学中的卷积运算。对于非科班出身的小瓦来说，卷积运算也是一个比较陌生的概念。卷积就是通过函数 f 和函数 g 生成第三个函数的数学算子，表征函数 f 与 g 经过翻转和平移的重叠部分函数值乘积对重叠长度的积分。

如果用公式表达的话，卷积有连续和离散两种形式。

先来看连续形式，函数 f 和函数 g 的卷积记为 $(f \cdot g)(x)$，则有

$$(f \cdot g)(x) = \int_{-\infty}^{\infty} f(\tau) g(x-\tau) \mathrm{d}\tau$$

再来看离散形式，同样地，卷积 $(f \cdot g)(x)$ 的计算公式为

$$(f \cdot g)(x) = \sum_{\tau=-\infty}^{\infty} f(\tau) g(x-\tau)$$

看了公式，小瓦想："哎呀，这都是什么意思啊！完全看不懂啊！"不要怕！我们这本书是一本讲量化交易的书，不是数学书，所以我们不会去细抠这些数学公式，只要让小瓦知道卷积层做了什么就可以了。

在第 13 章中，多层感知机神经网络模型主要使用的是全连接层。全连接层与卷积层的不同之处在于：全连接层学到的是全局模式，而卷积层学习到的是局部模式。拿图像识别中的猫狗识别任务来举例，全连接层"看"到的是一整只猫，但卷积层"看"到的是猫的耳朵、鼻子、眼睛等。也就是说，如果图片中的猫换了一个位置，那么全连接层就要重新学习，但卷积层仍然可以借助局部模式来判断图片中的动物是一只猫。

注意：从学术的角度来说，这里的描述并不严谨。我们希望达到的目的是，让小瓦能

够大概了解卷积层背后的原理。如果读者希望以学术的方式进行研究，建议查阅相关论文。

当然了，在图像识别任务中，我们用到的是 2 维卷积层。在本章的自然语言处理任务中，我们用到的则是 1 维卷积层。1 维卷积层用于识别一个序列中的局部模式（也就是说，会在原序列中提取子序列，并学习其中的模式）。1 维卷积层的工作原理如图 14.3 所示。

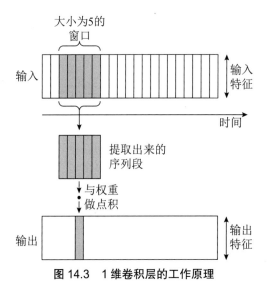

图 14.3　1 维卷积层的工作原理

从图 14.3 中可以看到，1 维卷积层从原始输入的特征（在本章中就是填充过的序列）中提取出序列段，然后将其与权重做点积，得到新的特征，并进行输出。

具体到 Keras 中，我们创建卷积层的代码如下：

```
cnn1 = Convolution1D(16,3,padding='same',strides=1, activation='relu')
(embed)
```

在这里，我们需要说明几个参数。

● filter 参数：卷积核的数量，对应的是输出的维度。这里我们将其设置为 16。

● kernel_size 参数：卷积核的空域或时域窗的长度。在第 1 个卷积层中，我们将其设置为 3。

● padding 参数：补 0 策略。这里我们将其设置为 same，表示保留边界处的卷积结果。这样做可以保证输入和输出的维度是一致的（如果将其设置为 valid，则表示只进行有效的卷积，对边界处的卷积结果不进行处理）。

- strides 参数：卷积的步长，通俗地讲，就是每"卷"一下的长度是多少。这里我们将其设置为 1。

- activation 参数：大家对其已经比较熟悉了，在全连接层中也涉及过，这里不再赘述。这里我们将其设置为 relu。

注意：实际上，在 Keras 的 Convolution1D 中，可以调节的参数不止上述这几个。感兴趣的读者朋友可以查询 Keras 的官方文档，以了解全部参数的含义和用法。

14.2.3　最大池化层是干啥用的

在我们创建 1 维卷积层之后，紧跟着就会堆叠一个最大池化层（MaxPool1D）。这个层又是做什么的呢？

要解释清楚这个问题，我们先介绍最大池化运算。这个概念要比卷积运算容易理解一些——它是取局部接受域中值最大的点。如果用图像来表示，大家可能更容易理解，如图 14.4 所示。

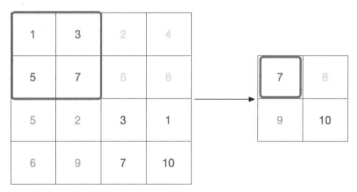

图 14.4　最大池化运算示意图

图 14.4 的左边是一个 4×4 的矩阵。我们可以将其视为原始的输入特征的形态。在左边 4×4 矩阵左上角的 4 个格子中，4 个数字分别是 1、3、5、7，我们把最大的数字 7 拿出来放进右边 2×2 矩阵左上角的格子中；同样，在左边 4×4 矩阵右上角的 4 个格子中，最大的数字是 8，我们把它拿出来放进右边 2×2 矩阵右上角的格子中；以此类推，重复这样的操作，我们只保留 4×4 矩阵中每个子区域中的最大值，并输出一个 2×2 矩阵。

图 14.4 展示的是一个 2 维最大池化层的工作原理，而 1 维最大池化层的工作原理与其近似，本质上也是对输入的 1 维数据进行下采样（subsample），以便于降低 1 维输入的长度。

为什么要在卷积神经网络中使用最大池化层？还是为了在缩减模型的大小、节省计算资源的同时，降低过拟合的风险；同时，在卷积层中堆叠最大池化层，可以让卷积层观察的窗口更大，并引入空间过滤器的层级结构。

同样地，这里我们看一下 MaxPool1D 的用法。输入代码如下：

```
cnn1 = MaxPool1D(pool_size=8)(cnn1)
```

在这里，我们设置 pool_size 参数为 8，也就是池化窗口的大小。通俗地讲，在卷积层输出的序列中，最大池化层会在每 8 个元素中寻找最大值。

注意：在本章所搭建的卷积神经网络中，除了卷积层和最大池化层之外，我们还引入了 concatenate 层和 Flatten 层。其中，concatenate 层的作用是把 3 个卷积层进行拼接，而 Flatten 层的作用是把多维数据压缩成 1 维数据，用于从卷积层到全连接层的过渡。至于 Dropout 层，我们已在第 13 章中介绍过相关内容，这里不再赘述。

14.2.4 训练模型看看效果

现在小瓦对卷积神经网络的结构及其中各个层的作用有了大致的了解。接下来，我们训练这个卷积神经网络模型，看看效果如何。输入代码如下：

```
#首先设置early_stopping
#这次选择监控的指标是验证集的准确率
#在准确率下降5次后停止训练
early_stopping = EarlyStopping(monitor='val_acc', patience=5)
#设置模型的检查点，用来保存最佳的模型参数
model_checkpoint = ModelCheckpoint('model-TextCNN.h5', save_best_
only=True)
#下面就开模型的训练
#为了节约时间，将轮次设定为10
hist = model.fit(X_train_padded_seqs, y_train, batch_size=128,
epochs=10,
                 validation_data=(X_test_padded_seqs, y_test),
                 callbacks=[early_stopping, model_checkpoint])
```

运行代码，可以得到图 14.5 所示的结果。

```
Train on 6910 samples, validate on 2304 samples
Epoch 1/10
6910/6910 [==============================] - 1s 179us/step -
loss: 0.0056 - acc: 0.9987 - val_loss: 0.4316 - val_acc: 0.86
59
Epoch 2/10
6910/6910 [==============================] - 1s 149us/step -
loss: 0.0051 - acc: 0.9993 - val_loss: 0.4402 - val_acc: 0.86
28
Epoch 3/10
6910/6910 [==============================] - 1s 133us/step -
loss: 0.0053 - acc: 0.9988 - val_loss: 0.4474 - val_acc: 0.86
28
Epoch 4/10
6910/6910 [==============================] - 1s 141us/step -
loss: 0.0052 - acc: 0.9981 - val_loss: 0.4607 - val_acc: 0.85
85
Epoch 5/10
6910/6910 [==============================] - 1s 133us/step -
loss: 0.0046 - acc: 0.9993 - val_loss: 0.4676 - val_acc: 0.85
85
Epoch 6/10
6910/6910 [==============================] - 1s 143us/step -
loss: 0.0043 - acc: 0.9990 - val_loss: 0.4742 - val_acc: 0.85
68
```

图 14.5　卷积神经网络的训练过程

【结果分析】从图 14.5 中可以看到，模型训练了 6 个轮次就停止了。这是因为在第 1 轮训练中，模型就达到了最高的验证集准确率 86.59%。同时需要注意，卷积神经网络的训练速度非常快，每个轮次基本上只消耗 1 秒左右的时间，可见其性能是非常不错的。

注意：在本章中，我们降低了文本转化填充序列的长度（只有 **16**），这样也可以提高模型的训练速度。然而，与第 13 章中多层感知机 **89.58%** 的验证集准确率相比，卷积神经网络的准确率稍有下降。这是非常正常的，毕竟我们人为降低了训练集所包含的信息。如果读者朋友希望对比两种神经网络的表现，把填充序列的 **maxlen** 设置为相同的数字，再进行实验即可。

同样，我们可以用模型对样本做出预测。输入代码如下：

```
#使用卷积神经网络模型对样本做出预测
model.predict(X_test_padded_seqs[:1])
```

运行代码，可以得到如图 14.6 所示的结果。

array([[0.9986297]], dtype=float32)

图 14.6　模型对样本做出的预测

【结果分析】从图 14.6 中可以看到，模型对样本做出的预测值是 0.9986 左右，也就是说，该样本数据极可能属于分类 1，即包含正面情绪的文本。这样看来，卷积神经网络也做出了正确的判断。

除了卷积神经网络之外，目前在量化交易领域，长短期记忆网络（LSTM）也是常用的算法。下面我们就和小瓦一起来简单学习一下长短期记忆网络的相关知识。

14.3　长短期记忆网络

在 14.2 节中，我们使用卷积神经网络训练了一个对股评文本进行分类的模型，模型的训练速度和准确率都值得肯定。不过卷积神经网络也好，全连接神经网络也好，都有一个共性——没什么"记性"。也就是说，这两种神经网络模型不会考虑每个输入之间的关系，而循环神经网络就不同了，它会遍历输入的各个元素，并且保持它们之间的状态关系。长短期记忆网络（Long Short-Term Memory，LSTM）就是循环神经网络中的一种。

14.3.1　搭建一个简单的长短期记忆网络

按照惯例，下面还是先上代码，用 Keras 来搭建一个简单的长短期记忆网络模型，然后研究原理。输入代码如下：

```
#下面来搭建长短期记忆网络
lstm = Sequential()
#在网络中先添加一个嵌入层
lstm.add(Embedding(len(vocab)+1, 8, weights=[np.zeros((len(vocab) + 1,
8))],
                   input_length=16, trainable=True))
#添加长短期记忆网络
lstm.add(LSTM(8, dropout=0.5, recurrent_dropout=0.2))
#添加全连接层
lstm.add(Dense(1, activation='sigmoid'))
#编译模型
lstm.compile(loss='binary_crossentropy',
             optimizer='adam',
             metrics=['accuracy'])
#查看模型概况
lstm.summary()
```

运行代码，可以得到如图 14.7 所示的结果。

```
Layer (type)                 Output Shape              Param #
=================================================================
embedding_4 (Embedding)      (None, 16, 8)             125160

lstm_1 (LSTM)                (None, 8)                 544

dense_2 (Dense)              (None, 1)                 9
=================================================================
Total params: 125,713
Trainable params: 125,713
Non-trainable params: 0
```

图 14.7　长短期记忆网络模型概况

【结果分析】这里我们再次使用 Sequential 方法搭建模型，代码部分相当简单。只要使用 .add 就可以把需要的隐藏层添加到模型中。在这个长短期记忆网络中，我们先添加了嵌入层，其作用和卷积神经网络中一样，也是为了对填充序列进行处理。嵌入层之后就是长短期记忆层 LSTM，最后是全连接层，也是为了输出结果。

下面我们着重地讲一下长短期记忆层（LSTM）。

14.3.2　关于长短期记忆网络

其实长短期记忆网络并不是最近才出现的。早在 1997 年，霍克莱特和施米德胡贝就开发出了这个算法。简单来说，长短期记忆网络是一种增加了携带信息跨越多个时间步的方法。

实际上，长短期记忆网络是为了解决传统循环神经网络的缺点。传统循环神经网络可以在短时间内存储先前的输出，并用来处理当前的输入。这种特性使传统循环神经网络在语音处理和音乐创作领域颇受欢迎。然而，传统循环神经网络不能长时间存储信息（由于梯度消失的问题）。这样一来，在处理那些需要参考很久以前存储的某些信息来预测当前输出的任务时，传统循环神经网络就有些"捉襟见肘"了；此外，传统循环神经网络无法更好地控制上下文的哪些部分需要继承，以及过去的多少需要遗忘。正是因为如此，长短期记忆网络便应运而生了。

与传统循环神经网络最根本的区别是，长短期记忆网络的隐藏层是一个门控单元（gated unit，也有的写作 gated cell，国内有人将后者翻译为细胞）。它由 4 个层组成，各个层之间互相作用，并生成每个单元（细胞）的输出，以及此刻单元（细胞）的状态。然后，这个单元（细胞）的输出和状态会被传递到下一个隐藏层。与传统循环神经网络只有 1 个 tanh 层不同的是，长短期记忆网络具有 3 个 sigmoid "门" 和一个 tanh 层。这 3 个 sigmoid "门" 的作用就是限制某些信息被传递到下一个单元（细胞）。大家已经知道，sigmoid 函数的作用是把模型计算的结果 "压缩" 到 0 ~ 1。在长短期记忆网络当中，通过 sigmoid 函数计算后，结果为 0 的输出就会被 "挡在门外"，而结果为 1 的输出会被 "全部放行"。

下面我们用图像来展示一下长短期记忆网络的工作原理，如图 14.8 所示。

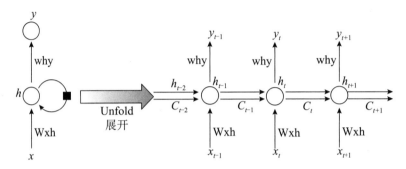

图 14.8　长短期记忆网络中的隐藏层

从图 14.8 中可以看到，长短期记忆网络的每一个单元（细胞）都有 3 个输入，即 h_t、C_t 和 x_t。其中，t 表示某一个时间点，h_t 表示这一时间点的隐藏状态，C_t 表示单元（细胞）的状态，x_t 表示这一时间点输入的数据。每个单元（细胞）的第 1 个 sigmoid 层接收到两个输入，即 h_{t-1} 和 x_t。其中，h_{t-1} 是前一个单元（细胞）的隐藏状态，也被称为遗忘门。因为它输出的是一个 0 ~ 1 之间的数字，这个数字与前一个单元（细胞）状态 C_{t-1} 做点积运算，用来选择保留前一个单元（细胞）的信息量。

长短期记忆网络中的第 2 个 sigmoid 层是一个用来决定哪些信息添加到单元（细胞）中的输入门。它同样接收两个输入，即 h_{t-1} 和 x_t，然后 tanh 层创建一个向量 C_t，这两个层共同决定了当前单元（细胞）要存储的信息。也就是说，sigmoid 层决定哪个单元（细胞）的状态将被输出，而 tanh 层将输出限于 -1 ~ 1。这两层的结果进行点积产生单位（细胞）的输出 h_t，继续传递下去。

14.3.3　训练模型及评估

原理先讲到这里。对理论研究有兴趣的读者朋友还可以继续在搜索引擎中寻找更多、更全面的原理知识。我们现在就来和小瓦一起尝试训练一下长短期记忆网络，看看它的表现如何。训练方法与卷积神经网络完全一样。输入代码如下：

```
#这里是设置模型停止和保存检查点的代码
early_stopping = EarlyStopping(monitor='val_loss', patience=5)
model_checkpoint = ModelCheckpoint('model-LSTM.h5', save_best_
only=True)
#开始训练LSTM网络
hist = lstm.fit(X_train_padded_seqs, y_train,
                batch_size=128,
                epochs=10,
                validation_data=(X_test_padded_seqs, y_test),
                callbacks=[early_stopping, model_checkpoint])
```

运行代码，可以得到如图 14.9 所示的结果。

```
Train on 6910 samples, validate on 2304 samples
Epoch 1/10
6910/6910 [==============================] - 10s 1ms/step - loss: 0.2921
- acc: 0.9195 - val_loss: 0.3520 - val_acc: 0.8655
Epoch 2/10
6910/6910 [==============================] - 9s 1ms/step - loss: 0.2304 -
acc: 0.9368 - val_loss: 0.3284 - val_acc: 0.8724
Epoch 3/10
6910/6910 [==============================] - 9s 1ms/step - loss: 0.1878 -
acc: 0.9479 - val_loss: 0.3183 - val_acc: 0.8715
Epoch 4/10
6910/6910 [==============================] - 10s 1ms/step - loss: 0.1539
- acc: 0.9608 - val_loss: 0.3088 - val_acc: 0.8785
Epoch 5/10
6910/6910 [==============================] - 10s 1ms/step - loss: 0.1256
- acc: 0.9671 - val_loss: 0.3061 - val_acc: 0.8841
Epoch 6/10
6910/6910 [==============================] - 10s 1ms/step - loss: 0.1084
- acc: 0.9750 - val_loss: 0.3131 - val_acc: 0.8841
Epoch 7/10
6910/6910 [==============================] - 9s 1ms/step - loss: 0.0931 -
acc: 0.9776 - val_loss: 0.3175 - val_acc: 0.8845
Epoch 8/10
6910/6910 [==============================] - 10s 1ms/step - loss: 0.0789
- acc: 0.9819 - val_loss: 0.3270 - val_acc: 0.8832
Epoch 9/10
6910/6910 [==============================] - 10s 1ms/step - loss: 0.0719
- acc: 0.9836 - val_loss: 0.3300 - val_acc: 0.8824
Epoch 10/10
6910/6910 [==============================] - 10s 1ms/step - loss: 0.0656
- acc: 0.9870 - val_loss: 0.3380 - val_acc: 0.8811
```

图 14.9 长短期记忆网络训练过程

【结果分析】从图 14.9 中可以看到。长短期记忆网络完成了 10 个轮次的训练，并且在第 7 轮达到了最高的验证集准确率——88.45%，在同样的数据处理的情况下。与卷积神经网络相比，验证集准确率稍微提高了一点。然而，需要注意的是长短期记忆网络消耗的时间要比卷积神经网络长了不少——每一轮都基本要耗时 10 秒左右。

14.3.4　保存模型并在回测中调用

既然现在我们已经完成了模型的训练，那该如何在回测中调用它呢？我们要先对训练好的模型进行保存。以长短期记忆网络为例，输入代码如下：

```
#Keras的模型保存是比较简单的
#使用save方法就可以了
lstm.save('lstm.h5')
```

运行代码之后，可以在研究环境的目录中找到这个保存好的模型文件，如图 14.10 所示。

图 14.10　保存好的长短期记忆网络模型

如果读者朋友也得到了与图 14.10 相同的结果，就说明模型保存成功了。下面我们尝试在回测环境中调用这个模型。进入"策略研究"中的"策略列表"，如图 14.11 所示。

图 14.11　进入"策略列表"

在策略列表中新建一个策略，并对其进行编辑。在新的策略中输入代码如下：

```
#导入Keras中的模型加载工具
from keras.models import load_model
#导入IO工具，以便读取研究环境中的模型文件
from six import BytesIO
#以写入方式打开一个文件
with open('lstm','wb') as f:
    #读取保存的模型，并写入代开的文件中
    f.write(read_file('/玩一下/lstm.h5'))
使用load_model从文件中加载模型
load_model('lstm')
#加载完成后输出提示
print('加载完成')
```

代码编辑完成后，单击"编译运行"按钮，就可以在右下方的日志区看到结果，如图 14.12 所示。

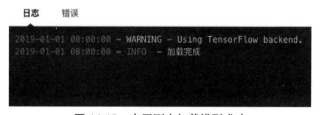

图 14.12 在回测中加载模型成功

【结果分析】当我们在日志区看到"加载完成"的提示时，就说明已经被成功地加载了训练好的长短期记忆网络。接下来，我们就可以使用模型文件对新的文本数据（如果有的话）进行分类，并基于此设计交易策略了。

14.4 小结

至此，我们完成了一项新的探索——训练不同的神经网络模型，对股评文本数据进行情感分析，并将模型保存，以便在回测中调用。虽然到这一步，距离能够设计出完整的 NLP 交易策略还有一定的距离，但至少这个方向目前看来是可行的。如果要开发完整的基于 NLP 技术的交易策略，我们还需要做很多工作，最重要的仍然是找到"合适"的数据。那么什么数据是"合适"的呢？这就需要我们一起深入思考并继续探索了。

第 15 章　写在最后——小瓦的征程

不知不觉地，我们和小瓦一起进行了整整 14 章的学习和实验。小瓦从只有 Python 基础知识，到学会使用包括 KNN、线性模型、决策树、支持向量机等传统机器学习算法，到能够使用卷积神经网络、长短期记忆网络对股评文本进行情感分析。一路走来，有苦有乐：苦的是，没有金融基础，也没有机器学习基础的她，要同时学习两个领域的知识，其中的艰辛可想而知；乐的是，在付出大量的心血和时间之后，能够自己训练模型、编写策略并回测，多少还是有些成就感的。作为本书的最后一章，我们还有一些话要对小瓦说。

本章的主要内容如下。

- 本书的局限性。
- 一些流行的数据库。
- 多元化的投资标的。
- 量化投资的国际化视野。

15.1　可以一夜暴富了吗

经过这一段时间的学习，小瓦最关心的是：我是不是可以一夜暴富了？很遗憾，不可以！如果只是跟着本书的内容，就可以在短时间内通过投资获取巨额财富，有点儿"白日做梦"了。说实话，以小瓦目前的水平，小瓦也只是刚有一只脚踏入了量化交易的大门而已——具体地说，就是对这个学科有了基本的认知，了解了一些概念，产生了一定的兴趣，并且可以做一些简单的策略而已。当然，这也是本书的主要目的。

虽然我们也想帮助小瓦快速致富，但仅仅靠着一本书恐怕还是远远不够的。我们还需要再讨论一下下面这些问题。

15.1.1　使用第三方量化平台是个好主意吗

本书从第 4 章开始，就已经大规模依托一个第三方量化平台进行策略的研究、编写与回测了。这样做实属无奈之举。虽然这个方式免去了小瓦自己收集数据、计算因子和配置模块的工作，使她的学习成本尽可能地降低；但这个方式的缺点也很明显——我们不能保证平台数据的质量，以及数据的多样性。

与此同时，我们也发现，大部分机构投资者还是会选择自己开发量化工具。这样做一方面可以更好地满足定制化的需求，另一方面也可以尽最大可能保障策略的安全。

当然，对于小瓦这样的初学者来说，使用第三方量化平台进行学习和实验是现阶段的最优策略。目前各大量化平台有同质化的现象，我们在掌握了某个平台的使用方法之后，即便再迁移到其他平台，或是自建平台的话，也会更加平顺。

15.1.2　机器学习到底有没有用

在本书中，我们带小瓦重点学习了常见机器学习算法在量化交易中的应用，对于传统的交易策略只是一带而过。诚然，机器学习技术在最近几年很受人们关注，也是很多机构和个人研究的方向。但我们也要看到，机器学习技术在量化交易中的应用确实还存在很多争议。例如，在网上就流传着这样的段子：

"牛人 A 用了机器学习闷声发财。A 告诉了 B 自己用机器学习。B 在网上到处乱吹机器学习怎么怎么牛。牛人 C 不用机器学习也在闷声发财。C 告诉 D 自己不用机器学习。D 天天在网上喊机器学习是噱头。最后 B 和 D 开撕了……"

"B 和 D 吵得火热朝天。动不动就几百字上千字摆事实、讲道理，图文并茂。两人在各个社交平台上从辩论，到互怼，再到对骂。可是争了半天，两人也没争出结果。最后 B 把 A 搬上场了，D 把 C 搬上场了。C 说不需要机器学习，用线性回归就可以解决问题。A 说我用的机器学习就是线性回归……"

这个段子在搞笑的同时，也告诉我们一个事实——当下在量化交易的圈子中，机器学习的作用仍然存在很多不确定因素。被大家常常提到的一个原因就是，数据的信噪比太低，以至于无法让机器学习模型"学到"有用的模式。

此外，在本书的前半部分，我们大量使用多因子加机器学习算法来编写策略。然而，不论我们如何选择因子，都要面临一个问题——因子是有可能失效的。在某一个时间范围内，某些因子确实可以帮助我们预测出不同股票的价值；但在其他时间内，这些因子可能就失去了作用；而在过一段时间，这些因子没准儿又变得有效了。这种变化不定的现象也给机器学习带来了困难。

15.1.3　要"吊死"在A股"这棵树"上吗

在本书中，我们使用国内 A 股作为实验的样本，来和小瓦一起进行量化交易的学习的。这是因为 A 股对于国内投资者来说，门槛相对比较低，几乎人人都可以参与。这也是我们把 A 股作为标的的重要原因——让小瓦可以快速上手。注意，我们可没有说，量化交易只能用在国内 A 股市场当中。

我们这里可不是要讨论 A 股市场是"好"还是"差"，而是要说明不同的交易市场具有不同的特点。针对不同市场的特点，需要指定不同的策略。

要说到A股市场的特点，第一个不得不提的就是散户多，而散户投资的方法基本就是"追涨杀跌"（说好听点叫趋势投资）。在这种市场氛围下，如果单纯考虑价值因子，小瓦的收益就不一定能最大化。

A 股市场的第二个特点是，A 股市场是"政策市"。监管层的意图和动作会给 A 股市场带来比较显著的影响。因此，照抄国外的方法，用社交媒体数据来训练模型，并试图预测股票价格趋势的方法就不一定是最好的方法了。说到这里，我们倒是建议小瓦试试用政策文件文本数据来试试，说不定有让人意想不到的收获呢。

下面要说的是 A 股的 T+1 制度和涨跌停限制。有一种观点认为，这种制度是助长了机构炒作、"割散户韭菜"的行为。我们姑且不谈这种观点是否有道理，但要说明的是，某些策略在这样的交易制度下确实是不适用的。

综上所述，仅仅掌握本书的内容，并不一定能实现"财务自由"。对于小瓦来说，在建立了兴趣和了解了基本概念之后，还有很长的"征程"。小瓦下一步该何去何从呢？我们不妨来探讨一下。

15.2　将来要做什么

既然小瓦意识到，目前距离实现财务自由还有一定的距离，那接下来还要继续努力了。这一点是毋庸置疑的，但是小瓦努力的方向在哪里呢？针对 15.1 节列举的问题，我们不妨给出下面的一些建议。

15.2.1　学习一些数据库知识

在 15.1 节中，我们提到了使用第三方平台的问题。第三方平台集成了常用的库，使用起来很方便；同时提供了多种数据，这让小瓦能够更轻松地入门。然而，平台提供的数据毕竟有限，如果我们希望实现更好的效果（如自己搭建一个知识图谱进行选股），那我们恐怕就要进一步扩宽数据的来源了。

自己扩宽数据来源，就要解决数据存储的问题。数据存储意味着使用数据库。在历史上，主要由关系数据库管理系统（Relational Database Manage System，RDBMS）主导。关系数据库管理系统使用 SQL 来定义表格式存储及数据的检索。商业数据库提供商有 Oracle 和 Microsoft 等，当然如果你不愿意支付费用，那开源的 PostgreSQL 和 MySQL 也是不错的选择。

与此同时，近年来非关系型数据库也被广泛地使用。这类数据库被统称为 NoSQL 数据库。常见的有下列这些：

键值存储（key-value storage）：可以对对象进行快速读/写访问。例如，HDF5（Hierarchical Data Format Version 5，层次性数据格式第 5 版）格式有助于我们使用 pandas dataframe 对数据进行快速访问。图 15.1 简明扼要地展示了 HDF5 的原理。

列式存储（columnar storage）：利用列中数据的同质性来促进压缩和更快的基于列的操作。例如，目前比较流行的 Amazon Redshift 数据仓库解决方案、Apache Parquet、Cassandra 或 Big Table 等。图 15.2 展示的是列式存储与行式存储的不同。

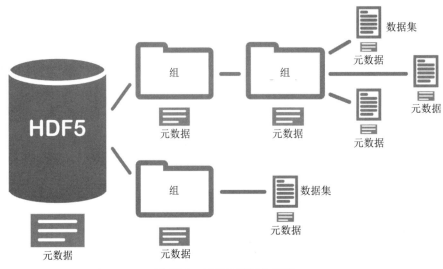

图 15.1　HDF5 的简单原理

原始数据

行式存储

date	price	size
2021-04-10	10.1	10
2021-04-11	10.3	20
2021-04-12	10.5	40
2021-04-13	10.2	5

date	price	size
2021-04-10	10.1	10
2021-04-11	10.3	20
2021-04-12	10.5	40
2021-04-13	10.2	5

列式存储

date	price	size
2021-04-10	10.1	10
2021-04-11	10.3	20
2021-04-12	10.5	40
2021-04-13	10.2	5

图 15.2　列式存储和行式存储的不同

文档存储（document store）：主要用于存储不符合关系型数据库所需的严格模式定义的数据。由于互联网的高速发展，这种通过使用 JSON 或 XML 格式来进行存储的方法也越来越流行，如目前在实际应用中非常受欢迎的 MongoDB。文档存储的数据形态如图 15.3 所示。

图数据库（graph database）：用于存储具有节点和边的网络，并可以查询对象之间的网络度量和关系。比较有代表性的是 Neo4J 和 Apache Giraph。图 15.4 用一个简单的例子展示了图数据库的原理。

Key	Document
1001	```{ "CustomerID": 99, "OrderItems": [{ "ProductID": 2010, "Quantity": 2, "Cost": 520 }, { "ProductID": 4365, "Quantity": 1, "Cost": 18 }], "OrderDate": "04/01/2017" }```
1002	```{ "CustomerID": 220, "OrderItems": [{ "ProductID": 1285, "Quantity": 1, "Cost": 120 }], "OrderDate": "05/08/2017" }```

图 15.3　文档存储的数据形态

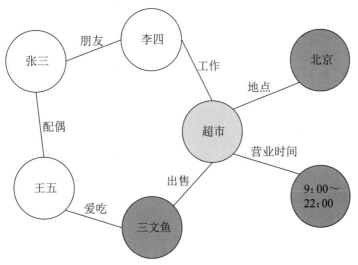

图 15.4　图数据库的原理

　　需要说明的是，在上述这些数据库中，并没有哪一个绝对"好"或者"不好"——它们只是适用于不同的应用场景和数据类型。举个例子，假如我们获取的数据是 JSON 格式的，那么我们使用 MongoDB 存储数据会非常方便；而如果我们打算使用 NLP 技术分析某个政策文件利好哪一个行业，那图数据库似乎是一个不错的选择。

15.2.2　多看看不同的投资标的

　　前文提到，为了能够让小瓦快速上手，我们选择了国内 A 股作为学习和实验的对象。不过大家可以想象一下，假如你是一家全球顶尖对冲基金的操盘手，你会把所有的资金都押注在某一个国家的某一种投资品上吗？显而易见，答案是否定的。为了能够让客户的收益最大化，你的投资标的也应该是多元化的。那么除了国内 A 股，我们还可以把"鸡蛋"放到哪些"篮子"里呢？

　　除了 A 股之外，常见的投资品还有债券、基金、期货、美 / 港股、外汇 / 虚拟货币等。其中，债券的收益比较稳定。将量化交易用于债券投资的方法比较少见，故我们不详细对其进行阐述。下面咱们来简单聊一下量化交易在其他几种投资品中的应用设想。

　　基金：这里主要想聊一下场内交易基金——因为我们使用在证券公司开立的账户就可以进行场内交易基金的买卖操作，比较便利。常见的场内交易基金包括交易型开放式指数基金（Exchange Traded Fund，ETF）和上市开放式基金（Listed Open-Ended Fund，LOF）。以 ETF 为例，目前市场上有很多行业 ETF。图 15.5 展示了一些 ETF 的行情。

	代码	名称	涨幅%∨	现价	净值
1	512670	国防 ETF	+8.81	1.729	1.589
2	512710	军工龙头E...	+8.68	1.565	1.439
3	512680	中证军工E...	+8.63	1.196	1.099
4	512660	军工 ETF	+8.43	1.170	1.079
5	512810	军工行业E...	+8.11	1.133	1.046
6	511310	10 年国债E...	+7.89	118.890	111.571
7	512560	军工 ETF...	+7.71	1.244	1.148
8	512760	芯片 ETF	+4.46	2.672	2.556
9	512480	半导体 ETF	+4.08	2.449	2.345
10	515980	人工智能E...	+4.00	1.273	1.225

沪深封闭式基金　上海封闭式基金　深圳封闭式基金　**ETF基金**

图 15.5　部分 ETF 基金的市场行情表现

从图 15.5 中可以发现一个有趣的现象——在写作本章的过程中，国防、军工行业 ETF 涨势喜人；同时，芯片、半导体、人工智能等 ETF 也有不错的表现。因此，我们不妨做出这种假设——使用NLP技术，分析出时下的国内外形势，并利用知识图谱关联出利好的行业，然后买入对应的行业 ETF，这是不是一个好主意呢？

期货：实际上，在量化交易领域中，做期货的人还是比较多的。这是因为在期货交易领域，很早以前就有综合交易平台（Comprehensive Transaction Platform，CTP）可以支持程序化交易，允许投资者直接实盘接入进行买卖。当然，对于小瓦来说，仍然可以使用"聚宽"平台提供的期货数据来进行实验。在数据字典中，我们可以找到期货数据的获取方法，如图 15.6 所示。

数据字典

股票数据	行业概念数据	指数数据
提供2005年至今沪深A股全面的行情、财务、基本面等数据	包含行业板块、概念板块数据	包含沪深市场600多只指数以及国际市场指数数据
期货数据	期权数据	场内基金数据
涵盖中金所、上期所、郑商所和大商所的所有期货合约数据	提供股票期权和商品期权的合约资料和行情数据	包含ETF、LOF、分级基金、货币基金完整的行情、净值数据

图 15.6　数据字典中的期货数据

在该平台上，调用期货数据进行研究和回测的方法与股票基本上是一致的。读者朋友通过阅读相关文档就可以实现使用期货数据的实验。

美 / 港股：很多资深股民已经开始把目光投向了美股或港股。一般认为美国和中国香港的资本市场发展比较成熟，金融监管机构对上市公司的监管也比较严格。因此投资者面临的风险相对较小。借助第三方软件，美 / 港股开户也比较简单，如图 15.7 所示。

图 15.7　同花顺 App 中的美 / 港股开户

外汇（这里更多的是指外汇保证金）/ 虚拟货币：这两种投资品的风险还是比较高的。感兴趣的读者朋友可以自行对它们进行一些了解，本书不展开阐述了。

15.2.3　打开国际化的视野

各位在阅读本书的时候，可能也已经知道，近年来我国逐步加快金融行业对外开放的步伐。据《中国证券报》报道，2020 年被称为我国金融业全面开放的元年。而新浪财经在转载了这篇报道（如图 15.8 所示）的时候，在标题中加入了"与外资同台竞技"这样的字眼。不知道读者朋友对于这句话如何理解，但本书的观点是：随着外资逐步进场，一些更科学的交易方法必然会在我国资本市场中得到更加广泛的应用。

金融对外开放动作频频：与外资同台竞技 打造国际化影响力

 新浪财经
发布时间：07-21 06:01　新浪财经官方帐号

原标题：引进来 走出去 金融对外开放动作频频

来源：中国证券报

□本报记者黄一灵

证券基金期货机构外资股比限制提前全面放开、中国太保（601601）GDR在伦交所挂牌上市、允许外国银行在华分行申请基金托管业务资格……在海外新冠肺炎疫情蔓延的背景下，中国金融市场对外开放节奏并未放缓。这些频频落地的"引进来""走出去"动作，正是金融对外开放继续"稳中求进"，向纵深推进的生动写照。

引进来与外资同台竞技

2020年被称为我国金融业全面开放元年。今年以来，我国先后取消期货公司、寿险公司、证券公司、证券投资基金管理公司外资股比限制。

作者最新文章

25万元罚单，美国巨头两次在中国受到处罚，做错了什么？

粤水电：中标两项目 金额合计约11.9亿元

《八佰》定档拉动影视股大涨 业内预测票房或冲击30亿

相关文章

图 15.8　关于我国金融业对外开放的报道

聪明的读者朋友肯定会想到，如果现代化的交易技术普及开来，那么散户们毫无章法的交易行为会使他们更加难以获得收益（甚至亏损得更多）。在这样的大趋势下，如果大家有志从事量化交易相关的工作，就更要打开国际的视野，去看看全球的投资人是如何借助机器的力量使自己的收益最大化的。

如果要了解国外的量化交易，这里推荐几个平台或者工具。

1. Quantopian

与本书所使用的"聚宽"平台类似，Quantopian 也提供了研究和回测的环境（见图 15.9），而且它还为投资人提供了相当多的学习资料。除此之外，Quantopian 还会举办竞赛，为其众包对冲基金投资组合遴选最优算法。获胜算法会获得平台提供的奖金。虽然 Quantopian 的实盘交易于 2017 年 9 月停止了，但它仍提供大量历史数据，并吸引了活跃的开发商和交易员社区。选择 Quantopian 作为打开国际视野的第一步，是一个不错的选择。

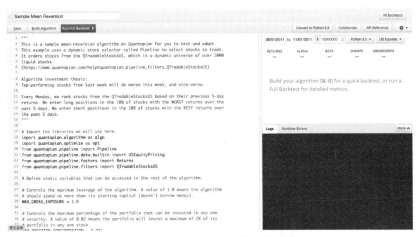

图 15.9　Quantopian 的回测环境

2. QuantConnect

QuantConnect 是一个开源、社区驱动的算法交易平台。它提供了一个集成开发环境（Integrated Development Environment，IDE）来使用 Python 和其他语言对算法策略进行回溯测试和实时交易（如图 15.10 所示）。

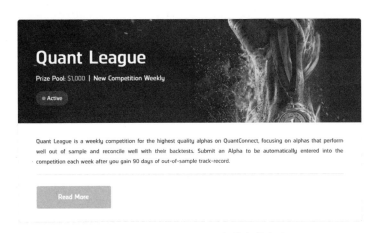

图 15.10　QuantConnect 上举办的竞赛

QuantConnect 还拥有一个来自世界各地的充满活力的全球社区，并提供对多种资产类别的访问，包括股票、期货、外汇和虚拟货币。另外，它提供与 IB、OANDA、GDAX 等不同经纪商的实盘交易接口。

3. QuantRock

QuantRocket 是一个基于 Python 的平台，集成了研究、回溯测试和自动化交易等功能。另外，QuantRocket 还提供数据收集工具和多个数据供应商，以及通过 IB 进行的实盘和模拟交易（如图 15.11 所示）。

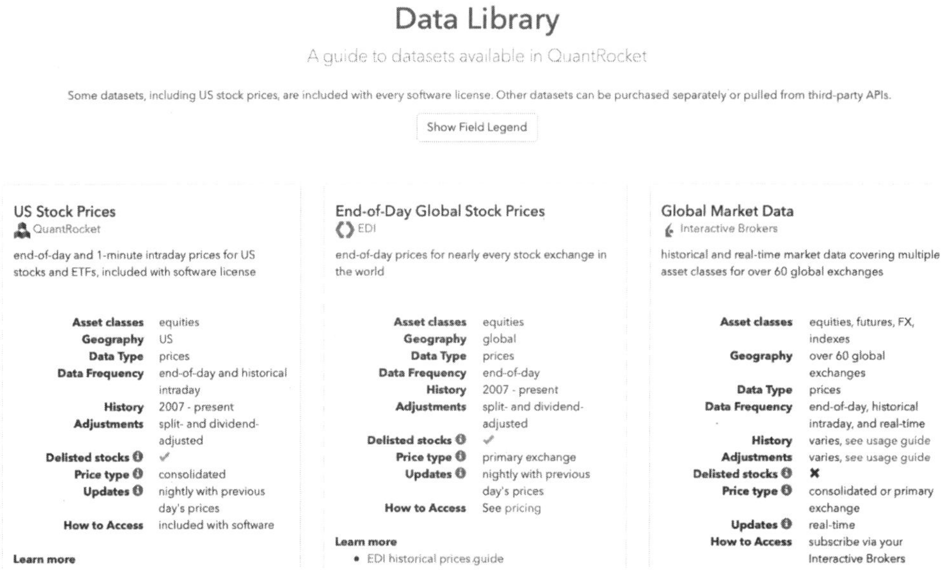

图 15.11　QuantRock 的数据字典

QuantRocket 支持多种引擎。它自己有一个叫做 Moonshot 的引擎，同时也允许用户自己选择其他第三方引擎。虽然 QuantRocket 没有传统的 IDE，但它与 Jupyter Notebook 集成得很好，可以完成同样的任务。不过，QuantRocket 并不是开源的，用户需要付费才能使用它的全部功能。

注意：国际上的量化平台还有很多，读者朋友在进行研究和学习的过程中，切记要先进行测试，并使用模拟交易来评估平台的可用性，避免带来金资损失。

15.3　小结

说了这么多，读者朋友可能也很关心小瓦后来怎么样了。实际上，她最后没有炒股——因为她相信，金融的本质是"用别人的钱去赚钱"。毕业之后，小瓦借着自己所学的知识，先是入职了一家 500 强企业，从事数据分析的工作，又利用业余时间参加量化平台的大赛，拿了不错的名次——至于之后，她被某头部私募高薪挖走，一步一步走上人生巅峰等，皆为后话，本书暂且不表。讲这些也是与读者朋友共勉，所谓"志存高远，脚踏实地"，相信只要有明确的目标和务实的行动，大家最终都会过上自己想要的生活。

最后祝各位朋友"财源滚滚，日进斗金"！